NENDOROID DOLL

手掌大小的黏土人偶

手作可爱的娃娃衣

四季娃娃服饰制作

日本良笑公司　主编

日本宝库社　编著

毛毡共和　译

河南科学技术出版社
·郑州·

目录

Spring
春季服饰

1. 可爱的兔耳套装
›› 6

2. 6月新娘的婚纱礼服套装
›› 8

Summer
夏季服饰

3. 夏日水手套装
›› 10

4. 雨衣和雨披
›› 12

5. 盛夏的泳装
›› 14

Autumn

秋季服饰

6. 酷酷的魔少女套装

›› 16

7. 杰克的南瓜灯套装

›› 18

Winter

冬季服饰

8. 冬日大衣套装

›› 20

9. 红色格纹套装

›› 22

NENDOROID DOLL

.ᴗ.

是什么?

NENDOROID DOLL 是可爱的手掌大小的黏土人偶,是日本良笑人形制造公司(Good Smile Company)
于2006年开始推出的一个Q版可动人偶系列。
虽然只是小小的身体,但肘关节、膝关节、踝关节等可动点很丰富,所以能自由地表现很多动作。
头身比为2.5的人偶可以更换头部,可以为喜欢的人物穿上中意的服装。

本书中的模特

Emily

Alice

Queen of Heart

Ryo

White Rabbit

Mad Hatter

人偶的尺寸

Alice (女孩)和Roy (男孩)是本书中首先登场的两个可爱的黏土人偶,他们的身高约为14cm, 身体部分(不含头部)的高度约为9cm。

★ 黏土人偶
原型 : 女孩

肩宽 : 约29mm

胸围 : 约59mm

袖长 : 约32mm

腰围 : 约53mm

臀围 : 约67mm

大腿围 : 约38mm

胯宽 : 约35mm

脚长 : 14mm

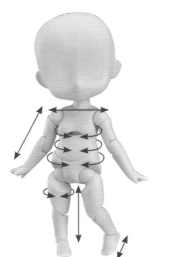

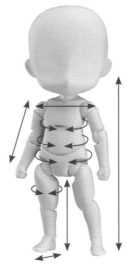

★ 黏土人偶
原型 : 男孩

身体高 : 约9cm

肩宽 : 约31mm

胸围 : 约57mm

袖长 : 约32mm

腰围 : 约56mm

臀围 : 约70mm

大腿围 : 约38mm

胯宽 : 约36mm

脚长 : 14mm

人偶的肤色

肤色分为桃子色、肉桂色、奶油色、杏仁牛奶色四种。
可根据你喜欢的头部的颜色来选择素体的颜色。

桃子色

肉桂色

奶油色

杏仁牛奶色

注意事项

● 在长时间穿着娃衣时,由于摩擦,衣服的颜色可能会染到素体上。

● 在穿套头的上衣、较细的衣袖或裤子时,可将头、手臂、脚等部分卸下来,就很容易穿上了。

● 拆装这些部位时,不要硬拉或折弯。

1. 可爱的兔耳套装

突出帽子上的兔耳朵是重点。男生穿兔耳连帽卫衣看上去休闲，女生穿饰有飞边和缎带的连衣裙显得浪漫。春意盎然的柔和色调让人心绪飞扬。

设计与制作：Atelier Angelica 住友亚希
制作方法：p.34（兔耳连帽卫衣套装）
　　　　　p.37（连衣裙套装）

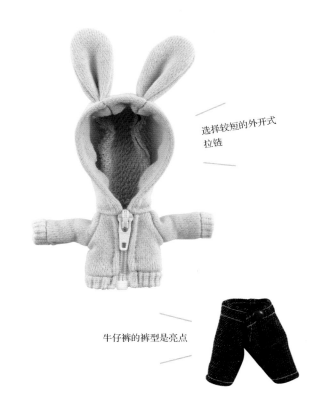

选择较短的外开式
拉链

牛仔裤的裤型是亮点

松紧带方便穿戴

泡泡袖的袖口里用
松紧带来伸缩袖口

2. 6 月新娘的婚纱礼服套装

3段褶边的华丽婚纱礼服裙和利落帅气的经典无燕尾礼服。也可以作为婚礼的欢迎人偶。

设计与制作：Atelier Angelica 住友亚希
制作方法：**p.4**○（婚纱礼服裙）
p·44（无燕尾礼服）

* 在欧美国家，6月结婚的新娘被称为6月新娘（June Bricle）。

推荐用轻薄
柔软的蕾丝

婚纱的褶边使蓬松
感满点

因为需要套穿，建议
选择薄一点的按扣

Summer
夏季服饰

3.夏日水手套装

即使在火热的夏天,薄荷绿色的水手装
看上去依然很清爽。水手衫配上稍大的
蝴蝶结和可爱的下装真是360°无死角
的可爱穿搭啊!

设计与制作:Raindrop Minamin
制作方法:**p.48**(裤装套装)
　　　　p.51(裙装套装)

贝雷帽正、反面用的是同样的材料

南瓜裤在里面加上填充棉和网纱，穿着时会更丰满

前门襟和下装的开口，用了轻薄的魔术粘

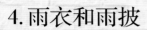

4.雨衣和雨披

这是两款雨天出门也能让人欢欣雀跃
的雨衣。请一定用喜欢的花色来做哟!

设计与制作：Atelier Angelica住友亚希

制作方法：p.54（雨衣）
　　　　　p.56（斗篷式雨披）

兜帽用三片式制作
立体缝合
可以很贴合地戴在头上

用与日常用雨披同样
材质的尼龙面料制作

5. 盛夏的泳装

夏天就是白云和蓝色的大海！
海滩映衬下的比基尼和夏威夷衬衫套装，简直就是夏天的
最佳穿搭。用同色面料制作的话，瞬间可以变为情侣装。

设计与制作：GINGER TEA CHERRY
制作方法：**p.58**（比基尼套装）
　　　　　p.60（夏威夷衬衫）

夏威夷衬衫
华丽的图案颇具异域风情

冲浪裤的后面
带小口袋

推荐使用 拉塞尔蕾丝（主要用于女性内衣上）、列韦
斯机织花边（优质的昂贵花边）、网眼花边等轻薄款
的花边

内裤用针织
面料制作

Autumn

秋季服饰

6.酷酷的魔少女套装

轻软雪白的小精灵套装、黑色的小魔女套装,配上南瓜灯等可爱的小饰品,搞怪气氛也是满点!

设计与制作:Raindrop Minamin
制作方法:**p.62**（小精灵套装）
　　　　　p.64（小魔女套装）

领口的弧线
建议手工缝制

方便穿脱又有设计感
的袜子

斗篷上的帽子只是
用于装饰

连衣裙的袖口用
缩褶制作出蓬松感

7. 杰克的南瓜灯套装

象征着丰收的秋季的杰克南瓜灯连衣
裙配上条纹图案的内搭，可爱的南瓜小
精灵就完成了！

设计与制作：Raindrop Minamin
制作方法：**p.68**

穿可爱的内搭T恤时要
把头部取下来

南瓜灯连衣裙的最大
亮点是绝妙的平衡感

Winter

冬季服饰

8.冬日大衣套装

大衣是冬日服饰的主角。设计简单的外
套大衣是任何孩子都能穿的万能单品。
双排扣军装款大衣和酷酷的立领大衣，
真的是帅极了！

设计与制作：GINGER TEA CHERRY（大衣）
编辑部（裙子、裤子）
制作方法：**p.30**〔大衣〕
p.72〔立领大衣、修身裤〕

双排扣大翻领的可爱大衣，
纽扣是用熨斗热烫后固定的

五边形的前门襟是
立领大衣的设计亮点

想要利落的修身裤
就用薄面料做吧！

9.红色格纹套装

如果用经典的格纹布料的话,套装就会既经典又可爱!
在特别的日子,用事先准备好的衣服装扮起来吧!

设计与制作:GINGER TEA CHERRY
制作方法:**p.74**(连衣裙套装)
　　　　　p.77(连身裤套装)

格纹背带和披肩用起绒布
来装饰出豪华感

让背影胖乎乎的可爱设计,
而肩带在身后用丝带打结

条纹袜是
必不可少的搭配

娃衣制作的基础知识

因为娃衣太小，
记住一些小窍门能帮助顺利操作。

推荐的布料

娃衣用布尽量选薄一些的，
如果用厚布的话，剪裁和穿脱会有难度。

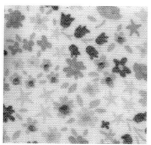

精纺薄棉布

用细纱织成，像丝绸那样柔软，
且有光泽的薄布。

平纹棉府绸

织目密实的薄布。

色丁缎

有光泽的光滑面料，推荐做裙子
用。

仿皮毛

人工制造，仿天然毛皮效果。

合成皮革

人工制造，仿天然皮革效果。

雪纺绸

薄而柔软且有透明感的布料。

尼龙布

硬挺且有凉爽感的布，推荐制作
雨衣用。

起绒布

表面有绒毛的面料，特点是不易
脱丝绽线。

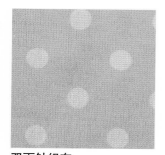

双面针织布

布的正反面质感相同，光滑的针
织布。

圈圈针织布

反面有圈圈的针织面料。

罗纹针织布

袖口和下摆使用的凹凸感针织
面料。

弹力网眼布

有伸缩性的网状布料，可以在想
要轻薄效果时用作里布。

关于辅料

介绍制作娃衣所需的辅料。

腰带扣（日字扣）
固定腰带使用的小小环扣。

薄魔术粘
不想有太多厚度时适用。有软质魔术粘和硬质魔术粘等（图中的软质魔术粘为Clover牌的）。

按扣
使用薄款按扣便于安装。

烫钻
用烫钻熨斗热黏合的烫钻，适合用作装饰扣。

娃衣的部件名称

记住娃衣的部件名称，
方便在制作过程中顺利进行。

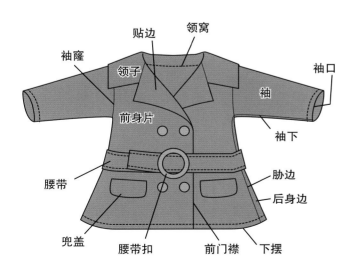

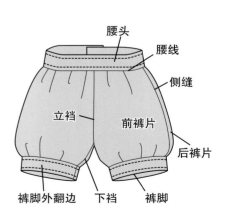

推荐的工具　不要一开始就将工具全部买齐，慢慢地购买必要的东西即可。

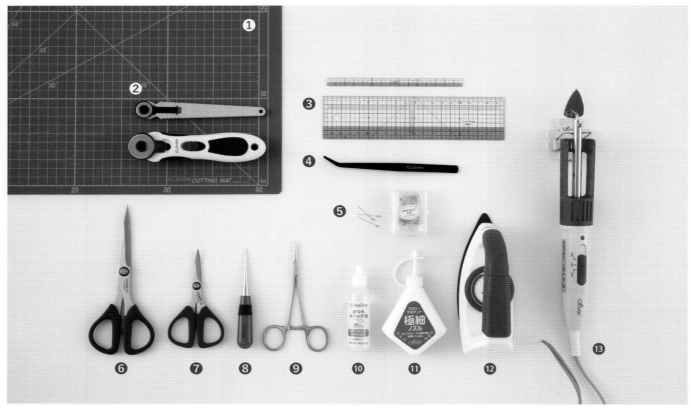

❶切割垫：配合轮刀使用。

❷轮刀：方便裁割薄布或针织布。推荐刀片直径为18mm、28mm。

❸直尺：测量尺寸，从书上向纸上转画纸型时会用到。15~20cm长的方格尺更方便使用。

❹镊子：在机缝时用来压布或小部件翻面时使用。

❺珠针：针极细，很容易穿透布料，而且针较短在机缝时不易被挂到，便于缝合时固定布料的定位针。

❻布艺用剪刀：头部尖锐、刃锋利，方便裁剪细小的部件。

❼布艺用剪刀（弯头）：用于剪掉多余的缝份或线头。

❽锥子：制作纸型、机缝时压布，或领角整形时均会用到。

❾返口钳：将袖子和袜子等部件翻至正面时，把布夹住容易翻面。

❿防绽线液：用于防止布边脱线。有些布使用后会变白，请在使用前先试用一下。

⓫手工用胶水：固定不用缝合的部分或暂时固定时多用。建议选择细喷嘴的。

⓬拼布用熨斗：体积小，使用方便。拉伸布面皱褶，压倒缝份时使用。

⓭拼布用整烫器：代替熨斗，用来折缝份或做细节整理。

※除18mm轮刀外，均为Clover牌的工具

纸型使用方法　　了解实物大纸型的使用方法，开始挑战娃衣的制作吧。

● 纸型制作

1 用描图纸描画实物大纸型。画的时候用直尺仔细描出。

2 将描图纸粘贴在厚纸上。粘贴时请使用胶棒。

3 沿剪裁线把纸型剪下。

4 在转角处和画好的线上用锥子打孔。边角、中缝、曲线上要细致地打好孔。

● 剪裁

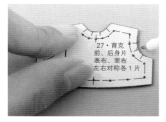

1 将纸型放在布的反面，仔细按住纸型，防止移位，沿纸型边缘在布上描线。

2 纸型上的打孔处，也在布上点出记号。

3 将点出的印记连成线，画好的线方便缝合。

4 沿画好的剪裁线将布剪下。

布边处理　　为防止布边绽线，要把边缘处理好。
因为是GSC(NENDOROID)尺寸，布边很难用机器处理，推荐用防绽线液。

剪裁后处理

直接在裁好的布边涂上防绽线液。等液体干后再进行下一步操作。因为此时操作会把未干的液体挤出。

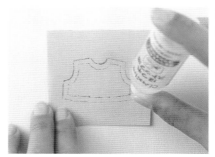

剪裁前处理

裁剪前将瓶口放在描好的缝合线外边，涂上防绽线液。相比于剪裁后处理，这样速度更快。但需要注意的是，水消笔在涂上防绽线液后会消失，请使用耐水性的笔来做记号。

关于缝制方法　下面介绍缝纫机、针和线的选择方法，以及实际缝制时的要点。

●关于缝纫机

GSC(NENDOROID)的衣服非常小，用缝纫机缝的时候需要技巧。即使这样，也有不好缝合的地方，所以也会同时用到手工缝制。

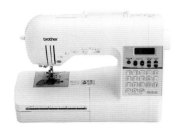

家用缝纫机

一台家用缝纫机既能缝直线也能缝出花样。家用缝纫机的针板针孔很大，要注意布容易被卷的地方。建议在下面铺上薄纸缝合，或者准备缝直线专用的针板。

专业缝纫机

专门做直线缝的缝纫机。因为针板的针孔是直线专用的，针孔也小，但是，缝制娃衣时，如果使用薄面料专用针板的话，会更容易缝制。压脚的种类也很丰富。

其他便利的工具

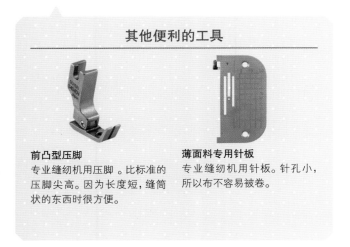

前凸型压脚

专业缝纫机用压脚。比标准的压脚尖高。因为长度短，缝筒状的东西时很方便。

薄面料专用针板

专业缝纫机用针板。针孔小，所以布不容易被卷。

●针和线

请根据面料的厚度和种类选择线和针。

布	薄面料	普通面料	针织面料
线	90号	60号、80号	针织面料专用缝线
针	9号	11号	针织面料专用机针

●针距长度

如果按一般缝纫来设定针距长度的话，相对于娃衣来说，针距会显大。根据娃衣尺寸，把缝线针距调得大小合适。

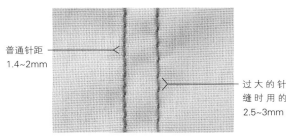

普通针距 1.4~2mm

过大的针距、疏缝时用的针距，2.5~3mm

●处理缝份

缝合结束后用熨斗来处理缝份。及时整理以便下一步的操作。

倒缝

用熨斗尖把缝份折向一边。

劈缝

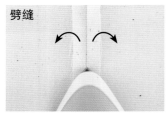

用熨斗尖把缝份向两侧分开。

● 缝制方法要点

缝合细小部件和布边时

1 缝合时，布容易被卷进缝纫机的针孔，要在下面铺上描图纸等薄纸后再缝。

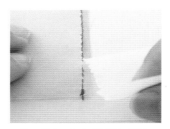

2 缝好后，把描图纸撕掉。

部件翻面

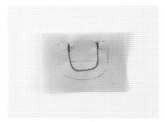

1 剪裁出比纸型大一圈的布片，在其中一片上画出剪裁和缝合线。将两块布片正面相对，沿着画好的线缝合。

缝份剪牙口

2 缝合完成后，沿着剪裁线将部件剪下。在曲线处，给缝份剪出细细的牙口。

3 翻至正面。

针织面料

将砂纸（中目或细目）的粗糙面向下，放在布与压脚之间，防止缝合时面料拉伸。一定不要将针缝入砂纸。

关于背后的支架孔

GSC（NENDOROID）素体背后中部有孔，用来插入支架。本书的衣服是没有这个孔的。如果要用到支架孔的话，请按照下面的方法打孔。

没有开口的娃衣

给GSC（NENDOROID）素体穿好衣服，确认打孔的位置，画出记号。在记号周围缝出直径6mm的圆形，用冲头在记号处打出直径4mm的孔。

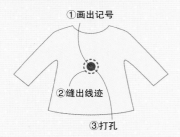

①画出记号
②缝出线迹
③打孔

后开口的娃衣

给GSC（NENDOROID）素体穿好衣服，确认打孔的位置，画出记号。和没有开口的娃衣一样画出圆形；后开口相互重叠的部分，只缝半圆形线迹，然后打孔。

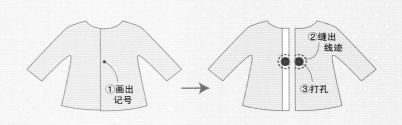

①画出记号

②缝出线迹
③打孔

Lesson
冬日大衣套装 ›› p.20

实物大纸型
大衣：p.53
前身片、后身片、袖、贴边、领子、兜盖、腰带
半裙：p.53
半裙、腰头

材料
大衣
・尼龙布（深蓝色）：30cmx30cm
・内径5mm腰带扣：1个
・直径3mm烫钻：6颗
半裙
・平纹棉府绸（条纹）：12cmx7cm
・魔术粘：1cmx0.5cm

※本书制作图中凡未标注长度单位的数字均以厘米（cm）为单位

大衣

1 将各部件裁出必要的片数。因为领子和兜盖要先缝合好再剪裁，先将比纸型大一圈的面料剪下。前身片、后身片、贴边、袖、腰带的布边都涂上防绽线液。

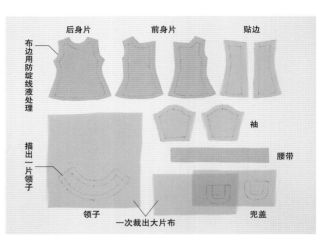

2 前身片与后身片正面相对，缝合肩部，劈开缝份。

3 袖口向内折边后缝合。袖山用大针距疏缝（参考p.28）。将袖山上的缝线两端抽紧，缩短缝份。

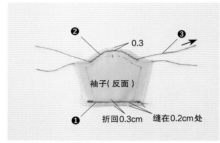

4 将身片的缝份剪牙口。身片和袖子的正面相对，缝合袖隆。衣服小，分成前、后身片更容易缝。图中是从后面缝的。

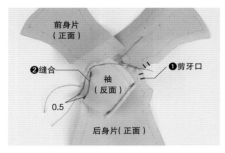

5 用同样的方法将另一只袖子缝合好。劈开缝份。

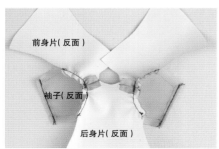

6 将裁成比纸型大一圈的领子正面相对合在一起，沿着外侧画好的线缝合。

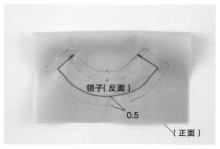

7 沿剪裁线剪下。将领角的缝份斜向剪掉，外领围的曲线缝份剪0.2cm的牙口。

前身片（正面）

领子（正面）

8　将领子翻至正面。

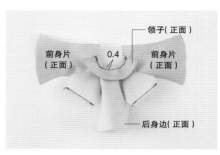

领子（正面）

前身片
（正面）

0.4

前身片
（正面）

后身边（正面）

9　将领子和身片叠放，暂时固定。

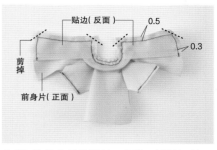

贴边（反面）

0.5

0.3

剪掉

前身片（正面）

10　将前身片和贴边正面相对叠放，按照下摆、前门襟、领围的顺序缝合。转角处缝份斜向剪去。

贴边
（正面）

前身片
（正面）

后身片
（反面）

11　将贴边翻至正面。

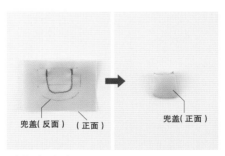

兜盖（反面）　（正面）

兜盖（正面）

12　将裁成比纸型大一圈的兜盖正面相对，沿画好的线缝合。按步骤7的方法剪去多余的缝份后，翻至正面。

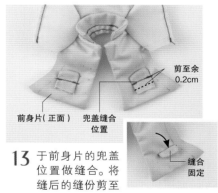

剪至余
0.2cm

前身片（正面）　兜盖缝合
位置

缝合
固定

13　于前身片的兜盖位置做缝合。将缝后的缝份剪至余0.2cm，兜盖向下倒向身片后手工缝在身片上。

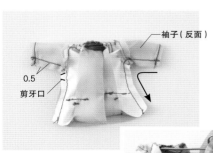

袖子（反面）

0.5

剪牙口

14　将袖子与身片正面相对叠放，从袖口开始继续缝合。为了不受影响，将缝份剪牙口，劈开。用返口钳翻至正面。

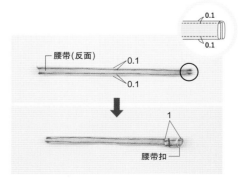

0.1

0.1

腰带（反面）

0.1

0.1

1

腰带扣

15　沿腰带的长边折起，两边压线。穿过腰带扣后将末端缝合固定。

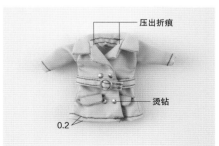

压出折痕

烫钻

0.2

16　将下摆折边后缝合。在贴边处压出折痕，在前门襟处用熨斗熨上烫钻。系上腰带就大功告成了。

31

半裙

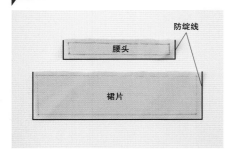

1　裁出腰头和裙片，图示边缘都涂上防绽线液。

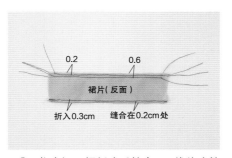

2　将半裙下摆折边后缝合。腰线处疏缝两条线。

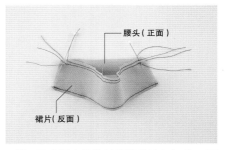

3　腰头没有涂防绽线液的边与裙片正面相对叠放，两端用珠针固定。

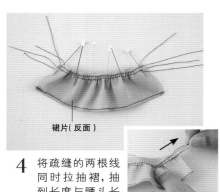

4　将疏缝的两根线同时拉抽褶，抽到长度与腰头长度相同时，用珠针固定。

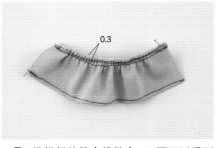

5　沿描好的缝合线缝合。正面可以看到疏缝的针迹，把疏缝线拆掉。

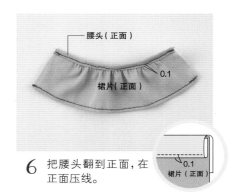

6　把腰头翻到正面，在正面压线。

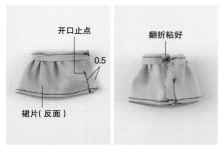

7　将裙片正面相对，缝出开口。缝份向左侧倒。把腰头用胶水粘好，手缝固定。

8　将裙子翻至正面，剪下0.7cmx0.3cm的魔术粘，用胶水粘在腰头上。

9　完成。

制作方法

· 参考p.27的"纸型使用方法"，复印或描出书中的实物大纸型备用。

· 本书中的纸型包含缝份，不需要另外加缝份。

· 材料用量是按长 × 宽的顺序表示的。

· 注意，在使用有花样朝向的印花布时，用量会有所增加。

· 在制作方法中，省略了布边涂防绽线液的步骤。请在裁好布片后就
  操作这一步。

· 参考p.24"娃衣制作的基础知识"，好好享受娃衣制作的愉快过程
  吧。

兔耳连帽卫衣套装 ›› p.6

实物大纸型 ›› p.36

材料

< 兔耳连帽卫衣 >
圈圈针织布（浅蓝色）…30cm×15cm
罗纹针织布（浅蓝色）…9cm×6cm
长20cm圆齿敞开式拉链…1条

< 牛仔裤 >
牛仔布…18cm×7cm
直径0.4cm纽扣…1颗
直径0.4cm按扣…1组

兔耳连帽卫衣

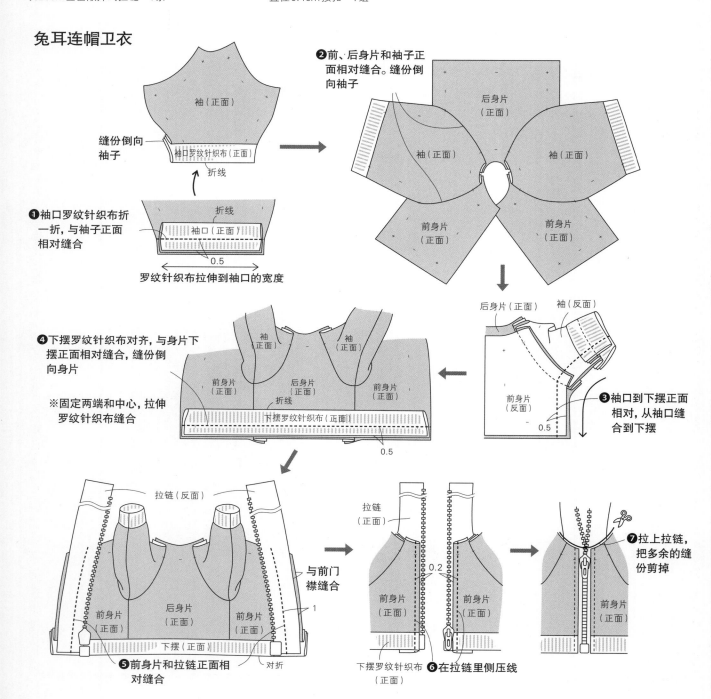

❷前、后身片和袖子正面相对缝合。缝份倒向袖子

袖（正面）

缝份倒向袖子
袖口罗纹针织布（正面）
折线

❶袖口罗纹针织布折一折，与袖子正面相对缝合

折线
袖口（正面）
0.5
罗纹针织布拉伸到袖口的宽度

后身片（正面）
袖（正面）
袖（正面）
前身片（正面）
前身片（正面）

后身片（正面）
袖（反面）
前身片（反面）
0.5

❸袖口到下摆正面相对，从袖口缝合到下摆

❹下摆罗纹针织布对齐，与身片下摆正面相对缝合，缝份倒向身片

※固定两端和中心，拉伸罗纹针织布缝合

袖（正面）
袖（正面）
前身片（正面）
后身片（正面）
前身片（正面）
折线
下摆罗纹针织布（正面）
0.5

拉链（反面）

与前门襟缝合

前身片（正面）
后身片（正面）
前身片（正面）
下摆（正面）
对折
1

❺前身片和拉链正面相对缝合

拉链（正面）
0.2
前身片（正面）
前身片（正面）
下摆罗纹针织布（正面）

❻在拉链里侧压线

❼拉上拉链，把多余的缝份剪掉
前身片（正面）

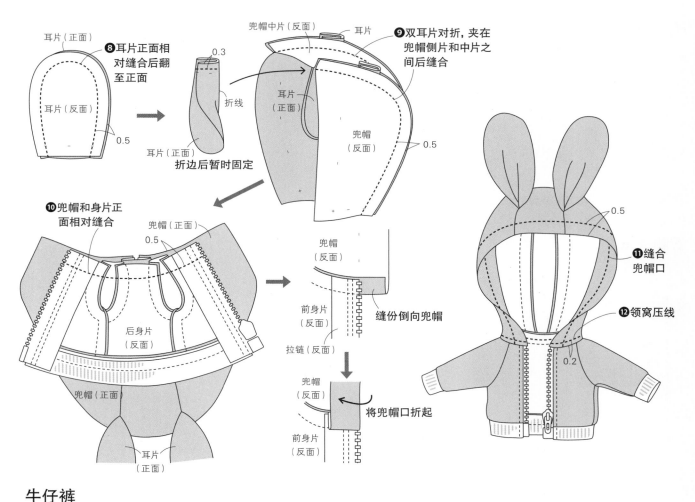

❽耳片正面相对缝合后翻至正面

耳片（正面）

耳片（反面）

0.5

0.3

折线

耳片（正面）

折边后暂时固定

兜帽中片（反面）

耳片

❾双耳片对折，夹在兜帽侧片和中片之间后缝合

耳片（正面）

兜帽（反面）

0.5

❿兜帽和身片正面相对缝合

兜帽（正面）

0.5

后身片（反面）

兜帽（正面）

耳片（正面）

兜帽（反面）

前身片（反面）

拉链（反面）

缝份倒向兜帽

兜帽（反面）

将兜帽口折起

前身片（反面）

0.5

⓫缝合兜帽口

⓬领窝压线

0.2

牛仔裤

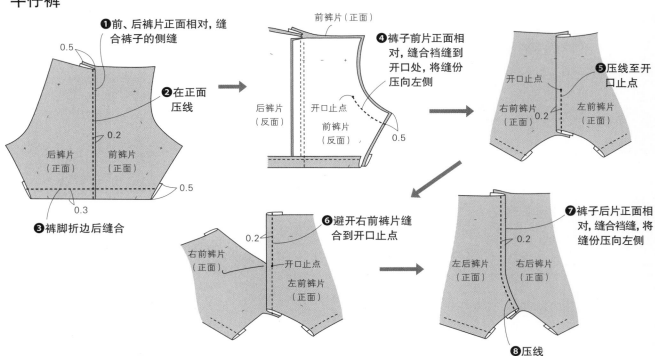

❶前、后裤片正面相对，缝合裤子的侧缝

0.5

❷在正面压线

后裤片（正面）

前裤片（正面）

0.2

0.5

0.3

❸裤脚折边后缝合

前裤片（正面）

❹裤子前片正面相对，缝合裆缝到开口处，将缝份压向左侧

后裤片（反面）

开口止点

前裤片（反面）

0.5

开口止点

右前裤片（正面）

0.2

左前裤片（正面）

❺压线至开口止点

0.2

右前裤片（正面）

开口止点

左前裤片（正面）

❻避开右前裤片缝合到开口止点

左后裤片（正面）

0.2

右后裤片（正面）

❼裤子后片正面相对，缝合裆缝，将缝份压向左侧

❽压线

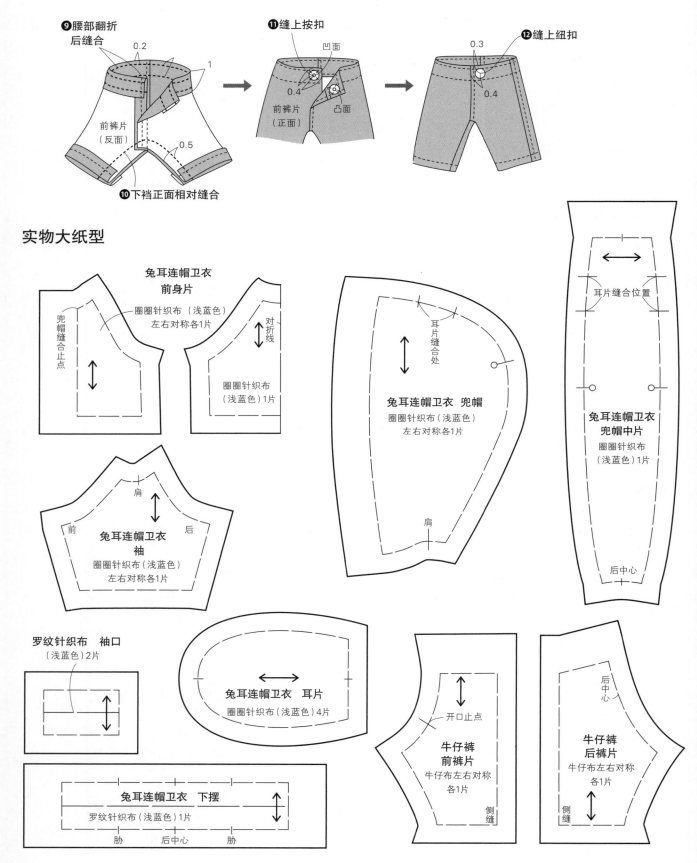

❾腰部翻折
后缝合

0.2

1

前裤片
（反面）

0.5

❿下裆正面相对缝合

⓫缝上按扣

凹面

0.4

前裤片
（正面）

凸面

⓬缝上纽扣

0.3

0.4

实物大纸型

兔耳连帽卫衣
前身片
圈圈针织布（浅蓝色）
左右对称各1片

兜帽缝合止点

对折线

圈圈针织布
（浅蓝色）1片

耳片缝合处

兔耳连帽卫衣 兜帽
圈圈针织布（浅蓝色）
左右对称各1片

肩

耳片缝合位置

兔耳连帽卫衣
兜帽中片
圈圈针织布
（浅蓝色）1片

后中心

前

肩

后

兔耳连帽卫衣
袖
圈圈针织布（浅蓝色）
左右对称各1片

罗纹针织布　袖口
（浅蓝色）2片

兔耳连帽卫衣　耳片
圈圈针织布（浅蓝色）4片

开口止点

牛仔裤
前裤片
牛仔布左右对称
各1片

侧缝

后中心

牛仔裤
后裤片
牛仔布左右对称
各1片

侧缝

兔耳连帽卫衣　下摆
罗纹针织布（浅蓝色）1片

胁　　后中心　　胁

连衣裙套装 ›› p.6

实物大纸型 ›› p.39

材料

<兔耳发箍>

毛绒布（白色）…18cm×12cm

0.6cm宽松紧带…6cm

0.6cm宽丝带（粉红色）…16cm

<褶边连衣裙>

斜纹棉布（粉红色）…25cm×17cm

平纹棉府绸（白色）…5cm×4cm

2cm宽双边扇形花边（白色）…3cm

0.9cm宽蕾丝花边（白色）…12cm

0.3cm宽松紧带…4cm

0.6cm宽丝带（粉红色）…8cm

直径0.4cm按扣…3组

兔耳发箍

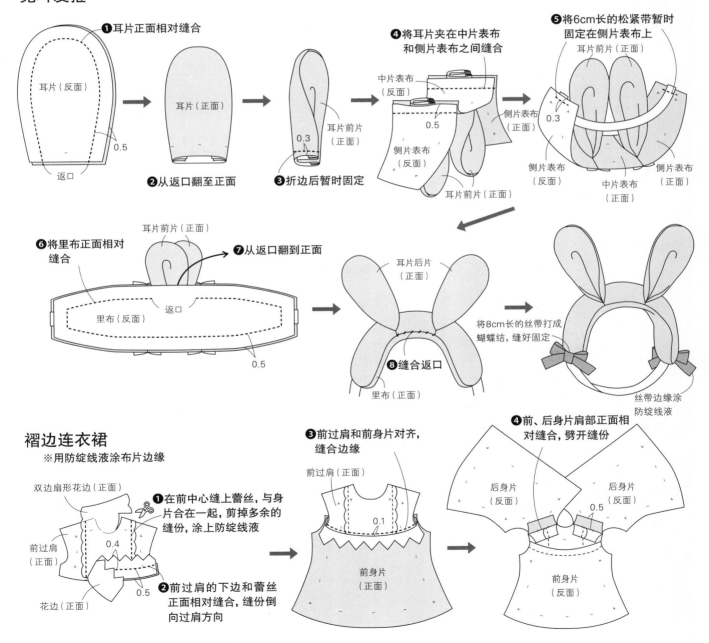

① 耳片正面相对缝合

耳片（反面）

0.5

返口

② 从返口翻至正面

耳片（正面）

③ 折边后暂时固定

0.3

耳片前片（正面）

④ 将耳片夹在中片表布和侧片表布之间缝合

中片表布（反面）

0.5

侧片表布（反面）

耳片前片（正面）

⑤ 将6cm长的松紧带暂时固定在侧片表布上

耳片前片（正面）

0.3

侧片表布（正面）

侧片表布（反面）

中片表布（正面）

⑥ 将里布正面相对缝合

耳片前片（正面）

⑦ 从返口翻到正面

返口

里布（反面）

0.5

耳片后片（正面）

⑧ 缝合返口

里布（正面）

将8cm长的丝带打成蝴蝶结，缝好固定

丝带边缘涂防绽线液

褶边连衣裙

※用防绽线液涂布片边缘

双边扇形花边（正面）

前过肩（正面）

0.4

0.5

花边（正面）

① 在前中心缝上蕾丝，与身片合在一起，剪掉多余的缝份，涂上防绽线液

② 前过肩的下边和蕾丝正面相对缝合，缝份倒向过肩方向

③ 前过肩和前身片对齐，缝合边缘

前过肩（正面）

0.1

前身片（正面）

④ 前、后身片肩部正面相对缝合，劈开缝份

后身片（反面）

后身片（反面）

0.5

前身片（反面）

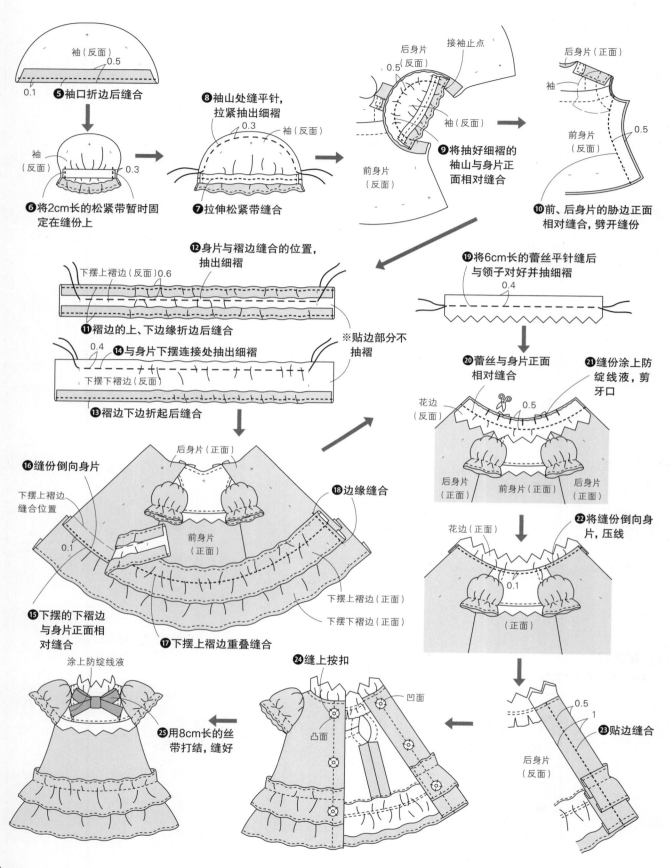

❺袖口折边后缝合

0.5

袖（反面）

0.1

❻将2cm长的松紧带暂时固定在缝份上

袖（反面）

0.3

❼拉伸松紧带缝合

0.3

袖（反面）

❽袖山处缝平针，拉紧抽出细褶

❾将抽好细褶的袖山与身片正面相对缝合

后身片（反面）

接袖止点

0.5

前身片（反面）

袖（反面）

后身片（正面）

袖

前身片（反面）

0.5

❿前、后身片的胁边正面相对缝合，劈开缝份

❶❷身片与褶边缝合的位置，抽出细褶

下摆上褶边（反面）0.6

❶❶褶边的上、下边缘折边后缝合

0.4

❶❹与身片下摆连接处抽出细褶

下摆下褶边（反面）

❶❸褶边下边折起后缝合

※贴边部分不抽褶

❶❻缝份倒向身片

下摆上褶边缝合位置

0.1

❶❺下摆的下褶边与身片正面相对缝合

后身片（正面）

前身片（正面）

❶❼下摆上褶边重叠缝合

❶❽边缘缝合

下摆上褶边（正面）

下摆下褶边（正面）

❶❾将6cm长的蕾丝平针缝后与领子对好并抽细褶

0.4

❷⓪蕾丝与身片正面相对缝合

花边（反面）

0.5

❷❶缝份涂上防绽线液，剪牙口

后身片（正面）

前身片（正面）

后身片（正面）

❷❷将缝份倒向身片，压线

花边（正面）

0.1

（正面）

0.5

1

❷❸贴边缝合

后身片（反面）

❷❹缝上按扣

凹面

凸面

涂上防绽线液

❷❺用8cm长的丝带打结，缝好

38

实物大纸型

褶边连衣裙
后身片
斜纹棉布（粉红色）
左右对称各1片

贴边

缝按扣处

接袖止点

下摆上褶边缝合处

后中心

褶边连衣裙
前身片
斜纹棉布（粉红色）1片

前中心

前过肩缝合处

接袖止点

下摆上褶边缝合处

肩

抽褶

缝合松紧带处

前　　后

褶边连衣裙
袖子
斜纹棉布（粉红色）
左右对称各1片

前中心

褶边连衣裙
前过肩
毛绒布（白色）1片

兔耳发箍
耳
毛绒布（白色）4片

兔耳发箍
侧片表布
毛绒布（白色）2片

兔耳发箍
中片表布
毛绒布（白色）1片

兔耳发箍
里布
毛绒布（白色）1片

后中心

贴边

后中心

前中心

胁

胁

褶边连衣裙 下摆上褶边
斜纹棉布（粉红色）1片

抽褶

后中心

贴边

后中心

贴边

后中心

前中心

胁

胁

褶边连衣裙 下摆下褶边
斜纹棉布（粉红色）1片

抽褶

后中心

贴边

婚纱礼服裙 ›› p.8

实物大纸型 ›› p.42、43

材料

<婚纱礼服裙>
色丁缎(波点)…56cm×23cm
黏合衬…10cm×9cm
直径0.4cm按扣…4组

0.9cm宽缎带(白色)…14cm
30号手缝线…(适量)

<头纱>
7cm宽网眼蕾丝(白色)…21cm
直径0.35cm珍珠…5颗

婚纱礼服裙

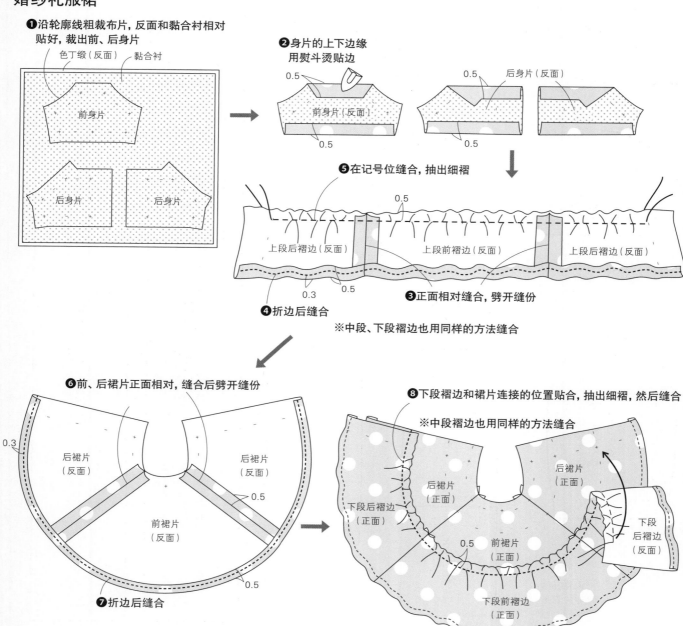

❶沿轮廓线粗裁布片,反面和黏合衬相对贴好,裁出前、后身片
色丁缎(反面)　黏合衬
前身片
后身片　后身片

❷身片的上下边缘用熨斗烫贴边
0.5　前身片(反面)　0.5
0.5　后身片(反面)　0.5

❺在记号位缝合,抽出细褶
0.5
上段后褶边(反面)　上段前褶边(反面)　上段后褶边(反面)
0.3　0.5
❹折边后缝合
❸正面相对缝合,劈开缝份

※中段、下段褶边也用同样的方法缝合

❻前、后裙片正面相对,缝合后劈开缝份
0.3
后裙片(反面)　后裙片(反面)
0.5
前裙片(反面)
0.5
❼折边后缝合

❽下段褶边和裙片连接的位置贴合,抽出细褶,然后缝合
※中段褶边也用同样的方法缝合
后裙片(正面)　后裙片(正面)
下段后褶边(正面)　前裙片(正面)　0.5
下段后褶边(反面)
下段前褶边(正面)

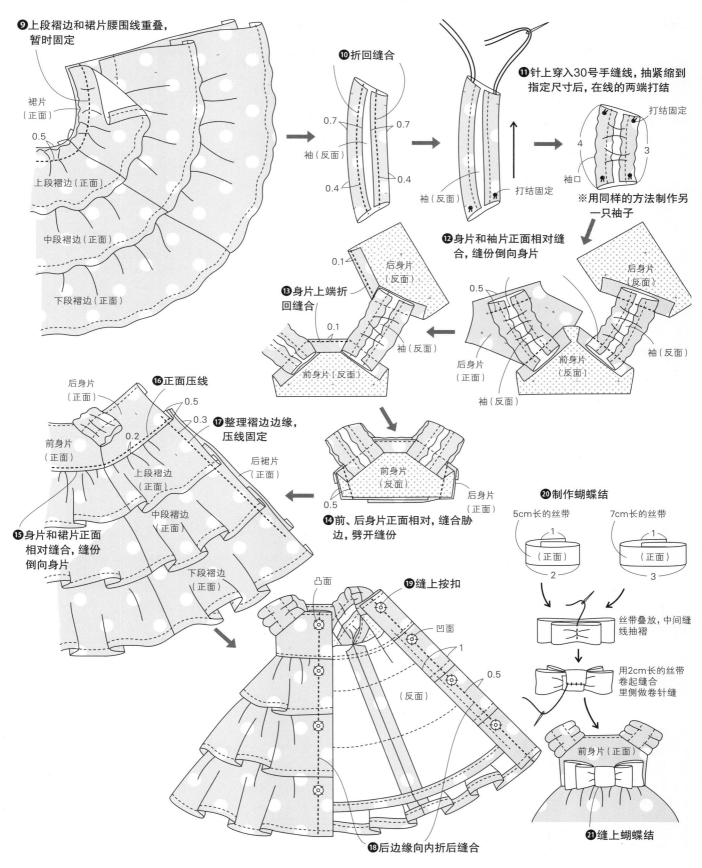

❾上段褶边和裙片腰围线重叠，暂时固定

裙片（正面）

0.5

上段褶边（正面）

中段褶边（正面）

下段褶边（正面）

❿折回缝合

0.7　0.7

袖（反面）

0.4　0.4

⓫针上穿入30号手缝线，抽紧缩到指定尺寸后，在线的两端打结

袖（反面）

打结固定

打结固定

4　3

袖口

※用同样的方法制作另一只袖子

⓬身片和袖片正面相对缝合，缝份倒向身片

后身片（反面）

0.5

后身片（正面）

前身片（反面）

袖（反面）

0.1

后身片（反面）

⓭身片上端折回缝合

0.1

袖（反面）

前身片（反面）

后身片（正面）

⓮前、后身片正面相对，缝合胁边，劈开缝份

前身片（反面）

0.5

后身片（正面）

⓯身片和裙片正面相对缝合，缝份倒向身片

后身片（正面）

⓰正面压线

0.5

0.3

⓱整理褶边边缘，压线固定

0.2

前身片（正面）

上段褶边（正面）

中段褶边（正面）

后裙片（正面）

下段褶边（正面）

凸面

⓳缝上按扣

凹面

1

（反面）

0.5

⓲后边缘向内折后缝合

⓴制作蝴蝶结

5cm长的丝带

1

（正面）

2

7cm长的丝带

1

（正面）

3

丝带叠放，中间缝线抽褶

用2cm长的丝带卷起缝合里侧做卷针缝

前身片（正面）

㉑缝上蝴蝶结

头纱

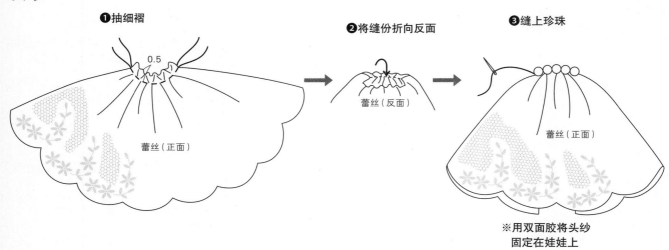

❶抽细褶

0.5

蕾丝（正面）

❷将缝份折向反面

蕾丝（反面）

❸缝上珍珠

蕾丝（正面）

※用双面胶将头纱
固定在娃娃上

实物大纸型

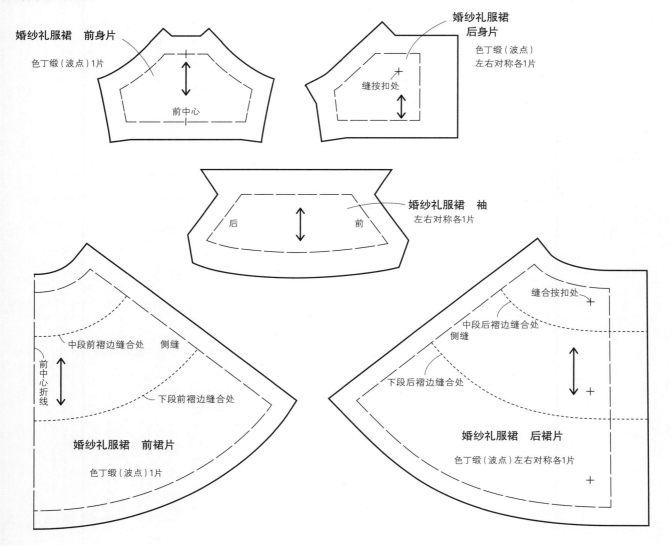

婚纱礼服裙　前身片

色丁缎（波点）1片

前中心

婚纱礼服裙
后身片

色丁缎（波点）
左右对称各1片

缝按扣处

婚纱礼服裙　袖

左右对称各1片

后　　　前

中段前褶边缝合处　侧缝

下段前褶边缝合处

前中心折线

婚纱礼服裙　前裙片

色丁缎（波点）1片

缝合按扣处

中段后褶边缝合处

侧缝

下段后褶边缝合处

婚纱礼服裙　后裙片

色丁缎（波点）左右对称各1片

婚纱礼服裙
上段前褶边
色丁缎（波点）1片

侧缝　抽褶　前中心折线

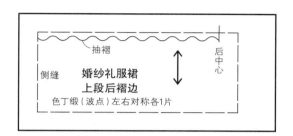

婚纱礼服裙
上段后褶边
色丁缎（波点）左右对称各1片

侧缝　抽褶　后中心

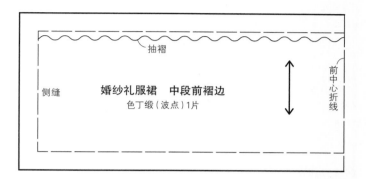

婚纱礼服裙　中段前褶边
色丁缎（波点）1片

侧缝　抽褶　前中心折线

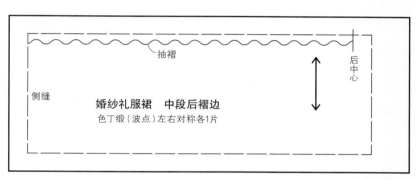

婚纱礼服裙　中段后褶边
色丁缎（波点）左右对称各1片

侧缝　抽褶　后中心

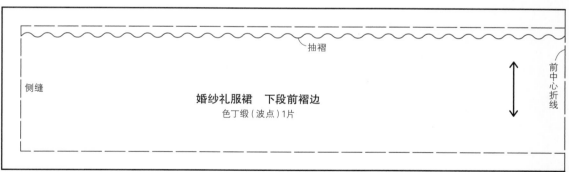

婚纱礼服裙　下段前褶边
色丁缎（波点）1片

侧缝　抽褶　前中心折线

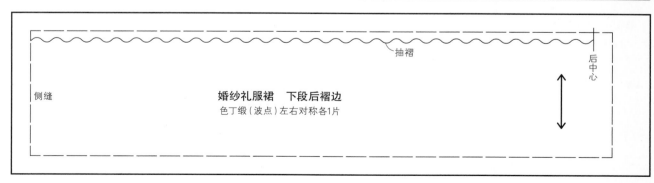

婚纱礼服裙　下段后褶边
色丁缎（波点）左右对称各1片

侧缝　抽褶　后中心

无燕尾礼服 ›› p.8

实物大纸型 ›› p.47

材料

< 长西裤 >
斜纹棉布 (黑色)···20cm × 10cm
直径0.4cm按扣···1组

< 短上衣 >
斜纹棉布 (黑色)···35cm × 10cm
色丁缎 (黑色)···20cm × 6cm
色丁缎 (白色)···4cm × 4cm
直径0.4cm按扣···2组
直径0.4cm纽扣···3颗

< 立领衬衫 >
平纹棉府绸 (白色)···30cm × 8cm
0.6cm宽色丁缎带···8cm
小米珠···5颗
直径0.4cm按扣···3组

长西裤

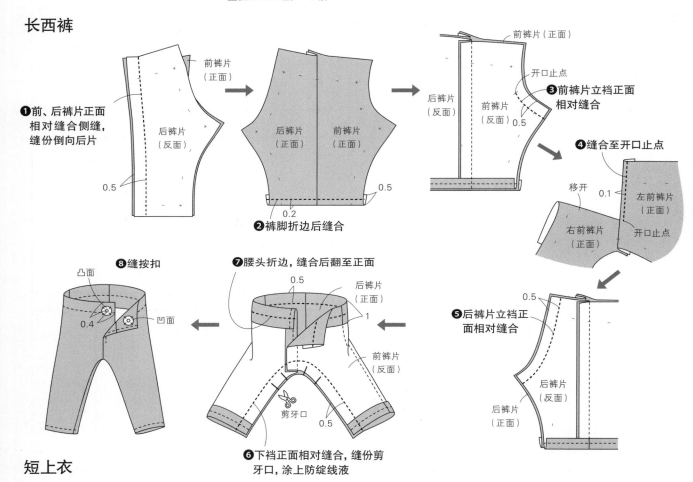

❶前、后裤片正面相对缝合侧缝，缝份倒向后片

0.5

前裤片（正面）

后裤片（反面）

后裤片（正面）　前裤片（正面）

0.2

0.5

❷裤脚折边后缝合

后裤片（反面）　前裤片（反面）

前裤片（正面）

开口止点

❸前裤片立裆正面相对缝合

0.5

❹缝合至开口止点

移开

0.1

左前裤片（正面）

右前裤片（正面）

开口止点

0.5

❺后裤片立裆正面相对缝合

后裤片（反面）

后裤片（正面）

❽缝按扣

凸面

0.4

凹面

❼腰头折边，缝合后翻至正面

0.5

后裤片（正面）

1

前裤片（反面）

剪牙口

0.5

❻下裆正面相对缝合，缝份剪牙口，涂上防绽线液

短上衣

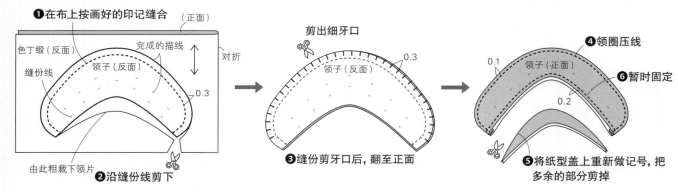

❶在布上按画好的印记缝合

（正面）

色丁缎（反面）

完成的描线

对折

缝份线

领子（反面）

0.3

由此粗裁下领片

❷沿缝份线剪下

剪出细牙口

领子（反面）

0.3

❸缝份剪牙口后，翻至正面

❹领圈压线

0.1

领子（正面）

❻暂时固定

0.2

✂

❺将纸型盖上重新做记号，把多余的部分剪掉

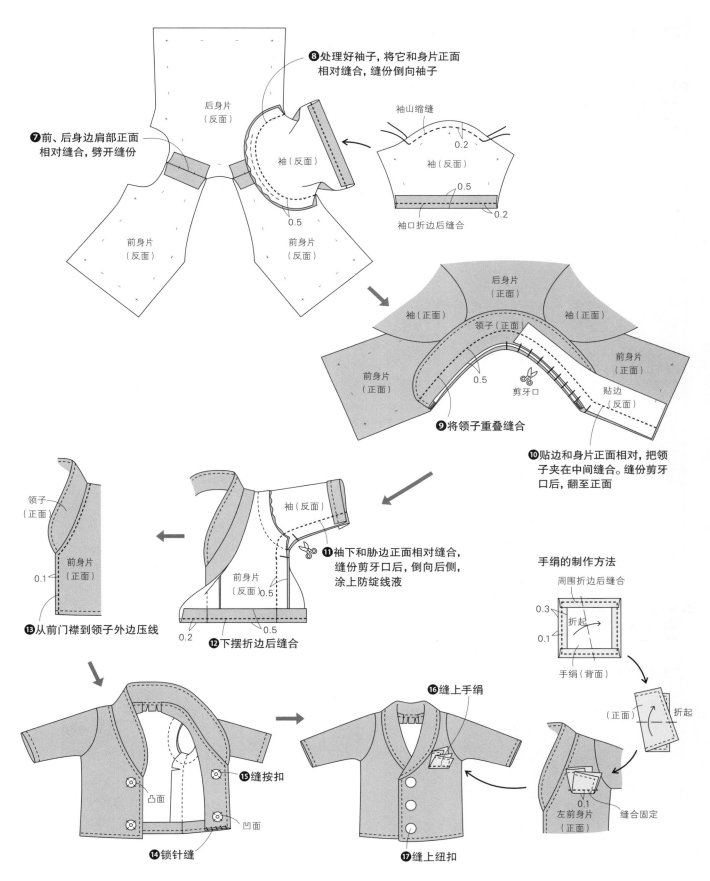

❽处理好袖子,将它和身片正面
相对缝合,缝份倒向袖子

后身片
(反面)

袖山缩缝
0.2
袖(反面)
0.5
0.2
袖口折边后缝合

❼前、后身边肩部正面
相对缝合,劈开缝份

袖(反面)

前身片
(反面)

前身片
(反面)

0.5

后身片
(正面)

袖(正面)   袖(正面)

领子(正面)

前身片
(正面)

前身片
(正面)

0.5

剪牙口

贴边
(反面)

❾将领子重叠缝合

❿贴边和身片正面相对,把领
子夹在中间缝合。缝份剪牙
口后,翻至正面

领子
(正面)

前身片
(正面)

0.1

❸从前门襟到领子外边压线

袖(反面)

前身片
(反面) 0.5

0.2   0.5

⓬下摆折边后缝合

⓫袖下和胁边正面相对缝合,
缝份剪牙口后,倒向后侧,
涂上防绽线液

手绢的制作方法

周围折边后缝合
0.3
折起
0.1

手绢(背面)

(正面)   折起

0.1

左前身片
(正面)   缝合固定

凸面

⓯缝按扣

凹面

⓮锁针缝

⓰缝上手绢

⓱缝上纽扣

45

立领衬衫

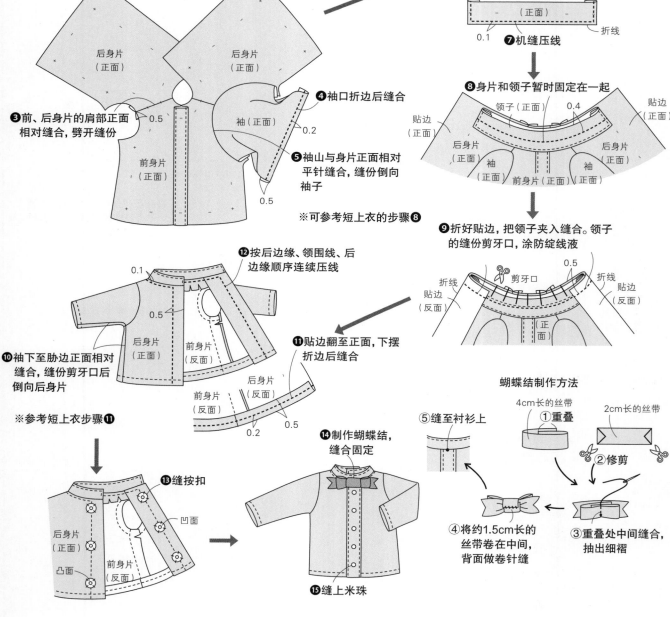

❶前身片对折, 正面朝外, 在中心缝出半褶(塔克褶)

前中心
前身片(正面)
0.5

❷折叠塔克褶, 在两端将三层布一起压线

前中心
0.1
0.1
前身片(正面)

(正面)

❻领子对折缝合后, 翻至正面
领子(反面)
0.5
折线

❼机缝压线
(正面)
0.1
折线

❸前、后身片的肩部正面相对缝合, 劈开缝份
后身片(正面)
后身片(正面)
0.5
前身片(正面)

❹袖口折边后缝合
袖(正面)
0.2

❺袖山与身片正面相对平针缝合, 缝份倒向袖子
0.5

※可参考短上衣的步骤❽

❽身片和领子暂时固定在一起
贴边(正面)
领子(正面)
0.4
贴边(正面)
后身片(正面)
后身片(正面)
袖(正面)
袖(正面)
前身片(正面)

❾折好贴边, 把领子夹入缝合。领子的缝份剪牙口, 涂防绽线液
剪牙口
0.5
折线
折线
贴边(反面)
贴边(反面)
(正面)

❿袖下至胁边正面相对缝合, 缝份剪牙口后倒向后身片

※参考短上衣步骤⓫

⓬按后边缘、领围线、后边缘顺序连续压线
0.1
0.5
后身片(正面)
前身片(反面)
后身片(反面)
前身片(反面)
0.2
0.5

⓫贴边翻至正面, 下摆折边后缝合

蝴蝶结制作方法
4cm长的丝带
①重叠
2cm长的丝带
②修剪
③重叠处中间缝合, 抽出细褶
④将约1.5cm长的丝带卷在中间, 背面做卷针缝

⓭缝按扣
凹面
后身片(正面)
凸面
前身片(反面)

⓮制作蝴蝶结, 缝合固定
⓯缝上米珠

⑤缝至衬衫上

实物大纸型

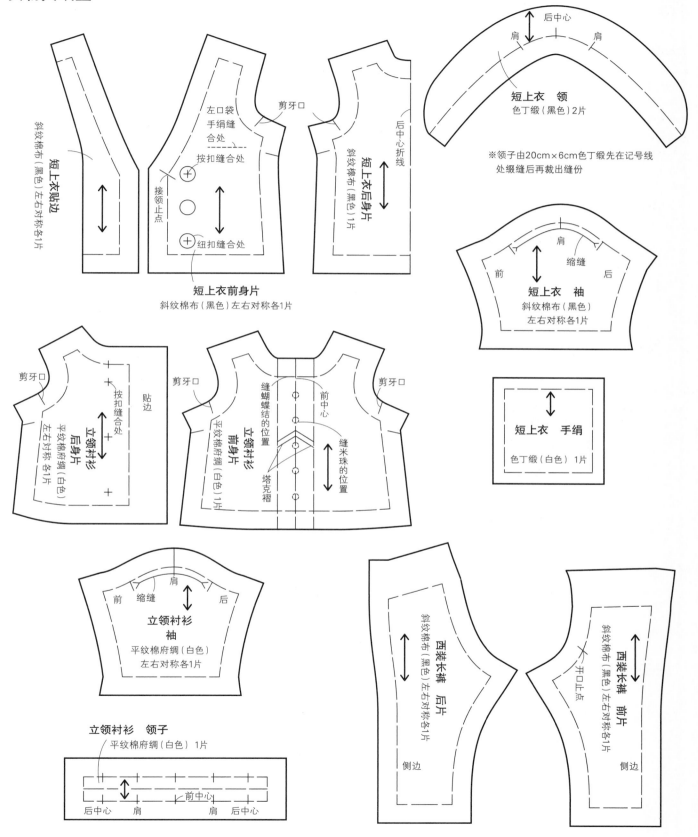

短上衣贴边
斜纹棉布（黑色）左右对称各1片

左口袋
手绢缝
合处

接领止点
按扣缝合处

纽扣缝合处

短上衣前身片
斜纹棉布（黑色）左右对称各1片

剪牙口

后中心折线

短上衣后身片
斜纹棉布（黑色）1片

后中心
肩　　肩

短上衣　领
色丁缎（黑色）2片

※领子由20cm×6cm色丁缎先在记号线
处缀缝后再裁出缝份

肩
前　缩缝　后

短上衣　袖
斜纹棉布（黑色）
左右对称各1片

短上衣　手绢
色丁缎（白色）1片

剪牙口
按扣缝合处
贴边
立领衬衫
后身片
平纹棉府绸（白色）
左右对称各1片

剪牙口

缝蝴蝶结的位置
前中心
塔克褶
缝米珠的位置

立领衬衫
前身片
平纹棉府绸（白色）1片

剪牙口

肩
前　缩缝　后

立领衬衫
袖
平纹棉府绸（白色）
左右对称各1片

立领衬衫　领子
平纹棉府绸（白色）1片

后中心　肩　前中心　肩　后中心

西装长裤　后片
斜纹棉布（黑色）左右对称各1片
侧边

开口止点
西装长裤　前片
斜纹棉布（黑色）左右对称各1片
侧边

裤装套装 ›› p.10

实物大纸型 ›› p.52

材料
<贝雷帽>
平纹棉府绸（薄荷绿色）…15cm×12cm
精纺薄棉布（薄荷绿色）…15cm×12cm
<水手服>
平纹棉府绸（白色）…20cm×13cm
平纹棉府绸（薄荷绿色）…12cm×8cm

0.4cm宽色丁缎带（薄荷绿色）…17cm
0.2cm宽色丁缎带（白色）…20cm
魔术粘…0.5cm×3cm
<南瓜裤>
平纹棉府绸（薄荷绿色）…15cm×10cm
魔术粘…0.4cm×1cm

<袜子>
天竺棉针织布（白色）…8cm×5cm

贝雷帽

袜子

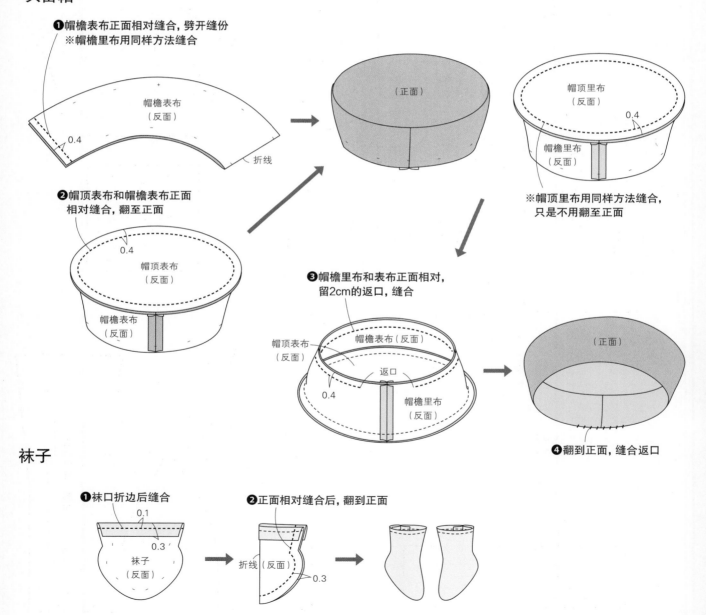

水手服

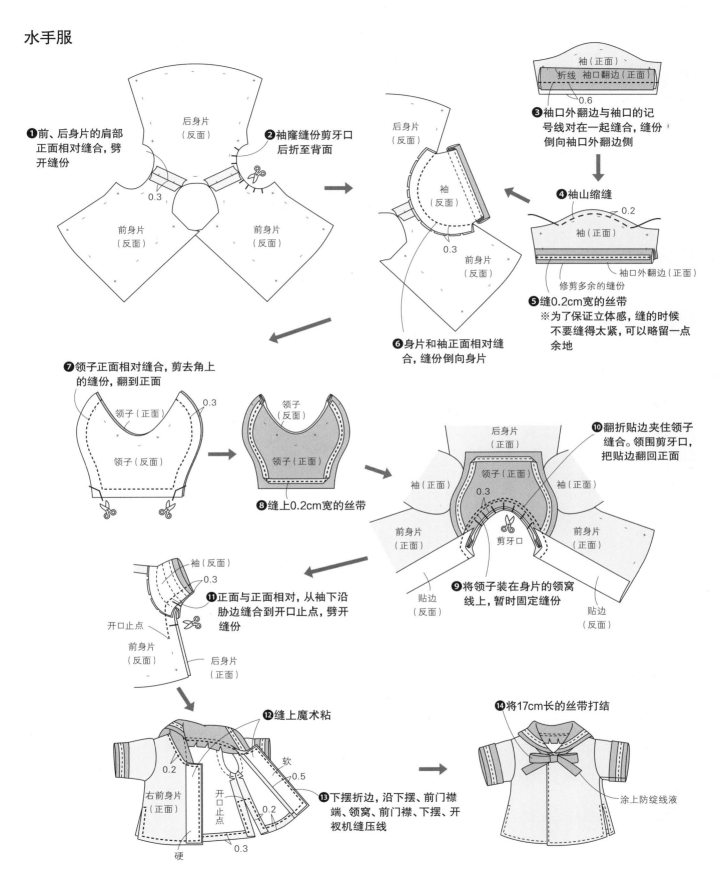

❶ 前、后身片的肩部正面相对缝合，劈开缝份

后身片（反面）

前身片（反面）　前身片（反面）

0.3

❷ 袖窿缝份剪牙口后折至背面

后身片（反面）

袖（反面）

前身片（反面）

0.3

❸ 袖口外翻边与袖口的记号线对在一起缝合，缝份倒向袖口外翻边侧

袖（正面）

折线　袖口翻边（正面）

0.6

❹ 袖山缩缝

0.2

袖（正面）

袖口外翻边（正面）

修剪多余的缝份

❺ 缝0.2cm宽的丝带
※为了保证立体感，缝的时候不要缝得太紧，可以略留一点余地

❻ 身片和袖正面相对缝合，缝份倒向身片

❼ 领子正面相对缝合，剪去角上的缝份，翻到正面

领子（正面）

0.3

领子（反面）

领子（反面）

领子（正面）

❽ 缝上0.2cm宽的丝带

❿ 翻折贴边夹住领子缝合。领围剪牙口，把贴边翻回正面

后身片（正面）

领子（正面）

0.3

袖（正面）　袖（正面）

前身片（正面）　前身片（正面）

剪牙口

❾ 将领子装在身片的领窝线上，暂时固定缝份

贴边（反面）　贴边（反面）

❶❶ 正面与正面相对，从袖下沿胁边缝合到开口止点，劈开缝份

袖（反面）

0.3

开口止点

前身片（反面）

后身片（正面）

❶❷ 缝上魔术粘

右前身片（正面）

0.2

开口止点

软

0.5

0.2

硬

0.3

❶❸ 下摆折边，沿下摆、前门襟端、领窝、前门襟、下摆、开衩机缝压线

❶❹ 将17cm长的丝带打结

涂上防绽线液

49

南瓜裤

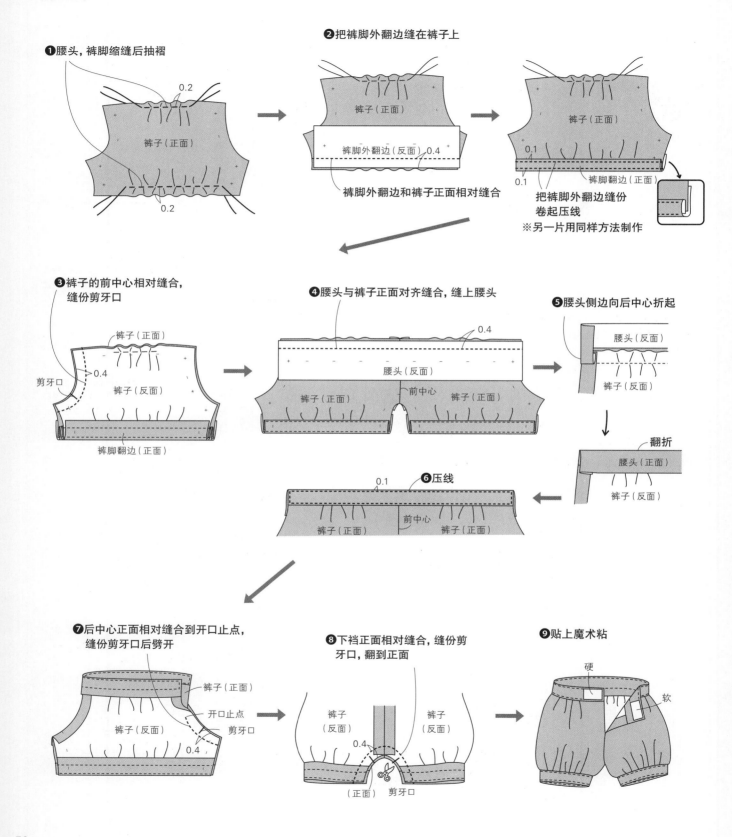

❶腰头，裤脚缩缝后抽褶

0.2

裤子（正面）

0.2

❷把裤脚外翻边缝在裤子上

裤子（正面）

裤脚外翻边（反面）　0.4

裤脚外翻边和裤子正面相对缝合

裤子（正面）

0.1

0.1　裤脚翻边（正面）

把裤脚外翻边缝份
卷起压线
※另一片用同样方法制作

❸裤子的前中心相对缝合，
缝份剪牙口

裤子（正面）

0.4

剪牙口

裤子（反面）

裤脚翻边（正面）

❹腰头与裤子正面对齐缝合，缝上腰头

0.4

腰头（反面）

裤子（正面）　前中心　裤子（正面）

❺腰头侧边向后中心折起

腰头（反面）

裤子（反面）

翻折

腰头（正面）

裤子（反面）

❻压线

0.1

裤子（正面）　前中心　裤子（正面）

❼后中心正面相对缝合到开口止点，
缝份剪牙口后劈开

裤子（正面）

开口止点

裤子（反面）

剪牙口

0.4

❽下裆正面相对缝合，缝份剪
牙口，翻到正面

裤子
（反面）

裤子
（反面）

0.4

（正面）　剪牙口

❾贴上魔术粘

硬

软

裙装套装 ›› p. 10

实物大纸型 ›› p.52、53

材料

<贝雷帽>
平纹棉府绸(白色)···15cm×12cm
精纺薄棉布(白色)···15cm×12cm

<水手服>
平纹棉府绸(薄荷绿色)···20cm×13cm
平纹棉府绸(白色)···12cm×8cm
0.4cm宽色丁缎带(白色)···17cm
0.2cm宽色丁缎带(薄荷绿色)···20cm
魔术粘···0.5cm×3cm

<喇叭裙>
喇叭裙···15cm×17cm
魔术贴···0.4cm×1cm

贝雷帽　※制作方法参考p.48贝雷帽

水手服　※制作方法参考p.49水手服

喇叭裙

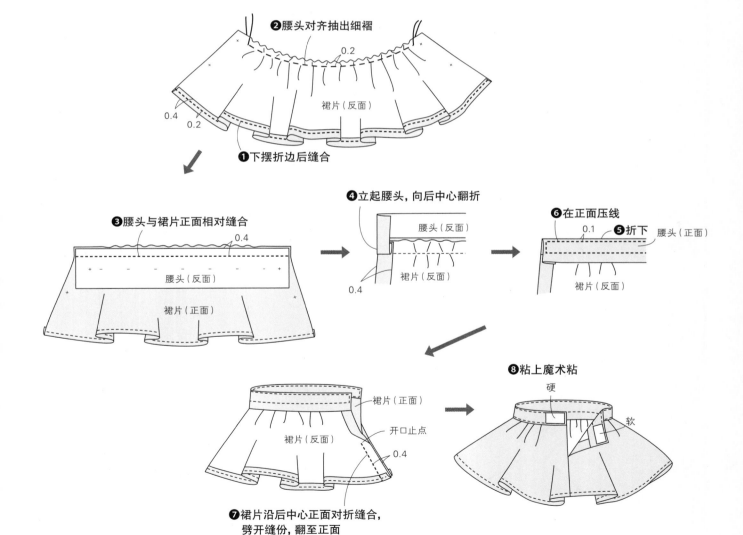

❷腰头对齐抽出细褶
0.2
0.4
0.2
裙片(反面)
❶下摆折边后缝合

❸腰头与裙片正面相对缝合
0.4
腰头(反面)
裙片(正面)

❹立起腰头,向后中心翻折
腰头(反面)
裙片(反面)
0.4

❻在正面压线
0.1
❺折下
腰头(正面)
裙片(反面)

裙片(正面)
裙片(反面)
开口止点
0.4
❼裙片沿后中心正面对折缝合,
劈开缝份,翻至正面

❽粘上魔术粘
硬
软

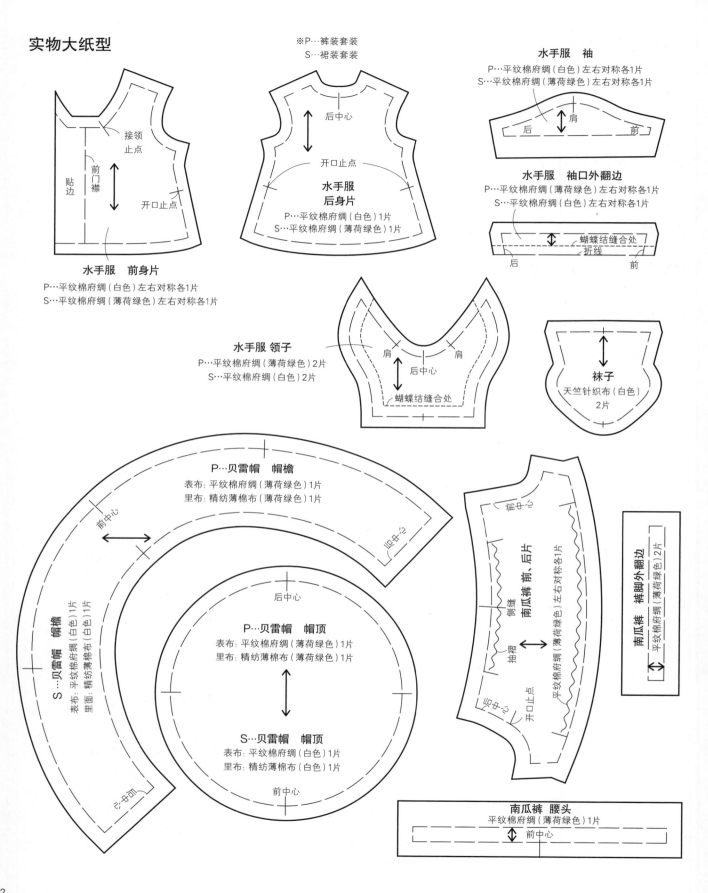

实物大纸型

※P…裤装套装
※S…裙装套装

水手服 袖
P…平纹棉府绸（白色）左右对称各1片
S…平纹棉府绸（薄荷绿色）左右对称各1片

接领
止点

前门襟

贴边

开口止点

水手服 前身片
P…平纹棉府绸（白色）左右对称各1片
S…平纹棉府绸（薄荷绿色）左右对称各1片

后中心

开口止点

**水手服
后身片**
P…平纹棉府绸（白色）1片
S…平纹棉府绸（薄荷绿色）1片

肩

后　前

水手服 袖口外翻边
P…平纹棉府绸（薄荷绿色）左右对称各1片
S…平纹棉府绸（白色）左右对称各1片

蝴蝶结缝合处
折线
后　前

水手服 领子
P…平纹棉府绸（薄荷绿色）2片
S…平纹棉府绸（白色）2片

肩　肩
后中心

蝴蝶结缝合处

袜子
天竺针织布（白色）
2片

P…贝雷帽 帽檐
表布：平纹棉府绸（薄荷绿色）1片
里布：精纺薄棉布（薄荷绿色）1片

前中心

S…贝雷帽 帽檐
表布：平纹棉府绸（白色）1片
里面：精纺薄棉布（白色）1片

后中心

P…贝雷帽 帽顶
表布：平纹棉府绸（薄荷绿色）1片
里布：精纺薄棉布（薄荷绿色）1片

S…贝雷帽 帽顶
表布：平纹棉府绸（白色）1片
里布：精纺薄棉布（白色）1片

前中心

前中心

侧缝

抽褶

南瓜裤 前、后片
左右对称各1片
平纹棉府绸（薄荷绿色）

后中心

开口止点

南瓜裤 裤脚外翻边
平纹棉府绸（薄荷绿色）2片

南瓜裤 腰头
平纹棉府绸（薄荷绿色）1片

前中心

实物大纸型

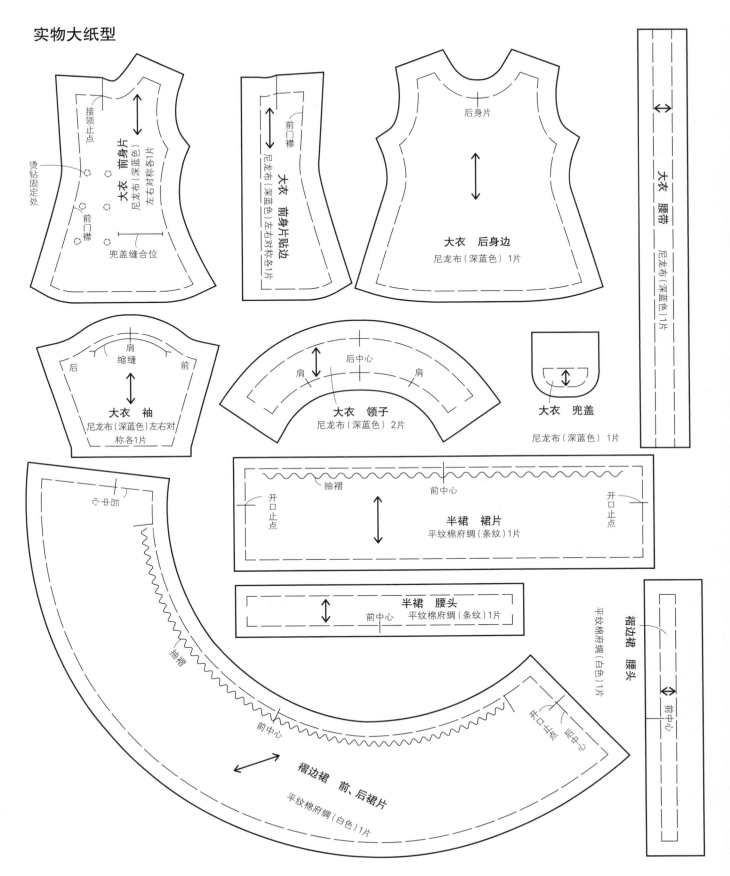

接领止点

烫钻固定处

大衣 前身片
尼龙布(深蓝色)
左右对称各1片

前门襟

兜盖缝合位

前门襟

大衣 前身片贴边
尼龙布(深蓝色)左右对称各1片

后身片

大衣 后身边
尼龙布(深蓝色) 1片

大衣 腰带
尼龙布(深蓝色)1片

后 肩 缩缝 前

大衣 袖
尼龙布(深蓝色)左右对
称各1片

后中心
肩 肩

大衣 领子
尼龙布(深蓝色) 2片

大衣 兜盖

尼龙布(深蓝色) 1片

后中心

抽褶 前中心

开口止点 开口止点

半裙 裙片
平纹棉府绸(条纹)1片

半裙 腰头
前中心 平纹棉府绸(条纹)1片

褶边裙 腰头

平纹棉府绸(白色)1片

前中心

抽褶

前中心

开口止点 后中心

褶边裙 前、后裙片

平纹棉府绸(白色)1片

53

雨衣 ›› p.12

实物大纸型 ›› p.55

材料

尼龙布（蓝色）…45cm×12cm

直径0.4cm纽扣…4颗

直径0.4cm按扣…2组

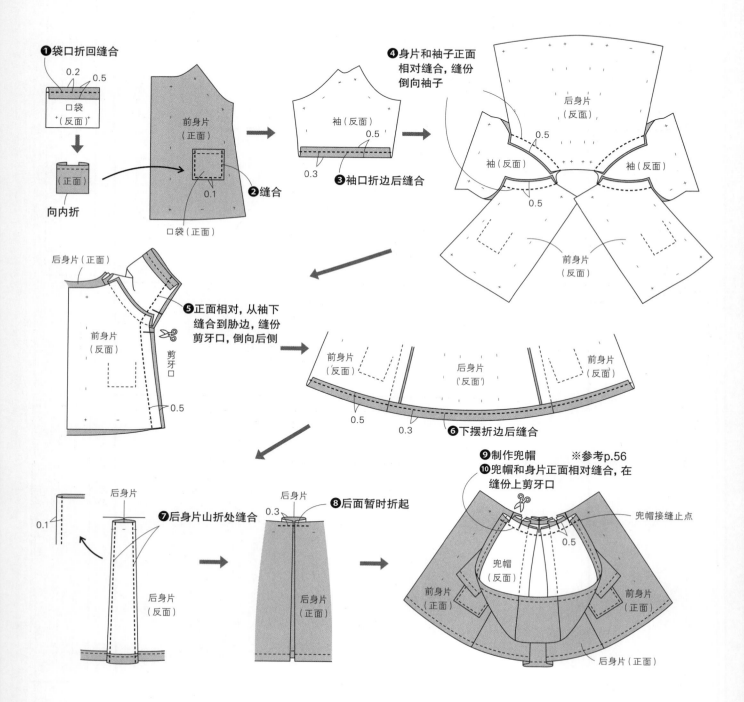

❶袋口折回缝合

0.2　0.5

口袋（反面）

（正面）

向内折

前身片（正面）

0.1

❷缝合

口袋（正面）

❸袖口折边后缝合

袖（反面）

0.3

0.5

❹身片和袖子正面相对缝合，缝份倒向袖子

后身片（反面）

0.5

袖（反面）

0.5

袖（反面）

前身片（反面）

后身片（正面）

前身片（反面）

❺正面相对，从袖下缝合到胁边，缝份剪牙口，倒向后侧

剪牙口

0.5

前身片（反面）

后身片（反面）

前身片（反面）

0.5

0.3

❻下摆折边后缝合

0.1

后身片

后身片（反面）

❼后身片山折处缝合

0.3

后身片

❽后面暂时折起

后身片（正面）

❾制作兜帽　※参考p.56

❿兜帽和身片正面相对缝合，在缝份上剪牙口

兜帽接缝止点

0.5

兜帽（反面）

前身片（正面）

前身片（正面）

后身片（正面）

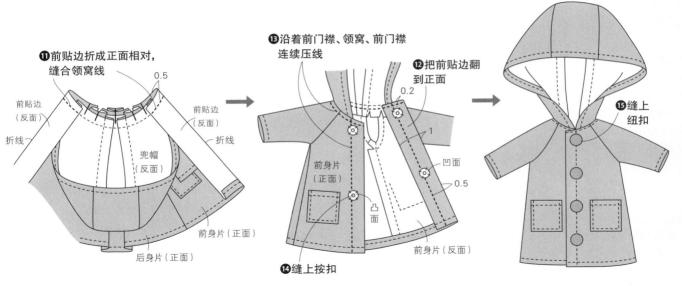

⑪前贴边折成正面相对，缝合领窝线

0.5

前贴边（反面）

折线

前贴边（反面）

折线

兜帽（反面）

后身片（正面）

前身片（正面）

⑬沿着前门襟、领窝、前门襟连续压线

⑫把前贴边翻到正面

0.2

1

凹面

0.5

凸面

前身片（正面）

前身片（反面）

⑭缝上按扣

⑮缝上纽扣

实物大纸型

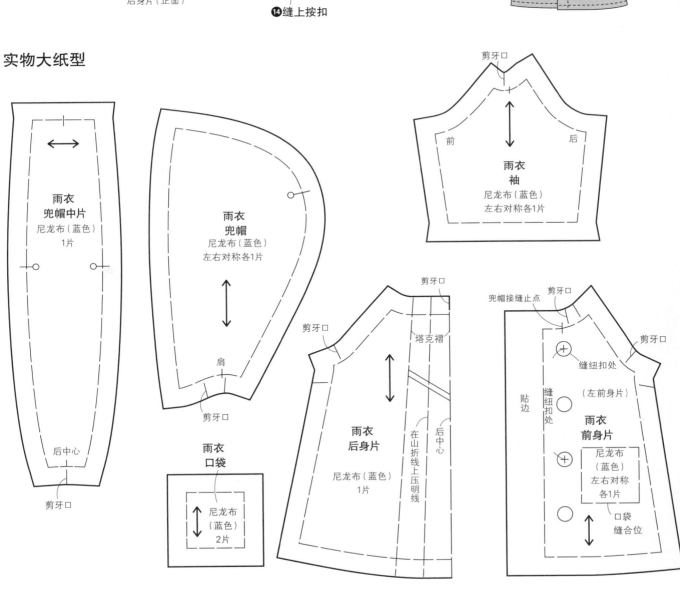

雨衣
兜帽中片
尼龙布（蓝色）
1片

后中心

剪牙口

雨衣
兜帽
尼龙布（蓝色）
左右对称各1片

肩

剪牙口

雨衣
口袋
尼龙布
（蓝色）
2片

剪牙口

雨衣
袖
尼龙布（蓝色）
左右对称各1片

前

后

剪牙口

塔克褶

在山折线上压明线

后中心

剪牙口

雨衣
后身片
尼龙布（蓝色）
1片

兜帽接缝止点

剪牙口

缝纽扣处

（左前身片）

贴边

缝纽扣处

雨衣
前身片
尼龙布
（蓝色）
左右对称
各1片

口袋
缝合位

剪牙口

斗篷式雨披 » p.12

实物大纸型 » p.57

材料

尼龙布（波点）…42cm×12cm

直径0.4cm纽扣…2个

直径0.4cm按扣…3组

0.6cm宽色丁缎带…11cm

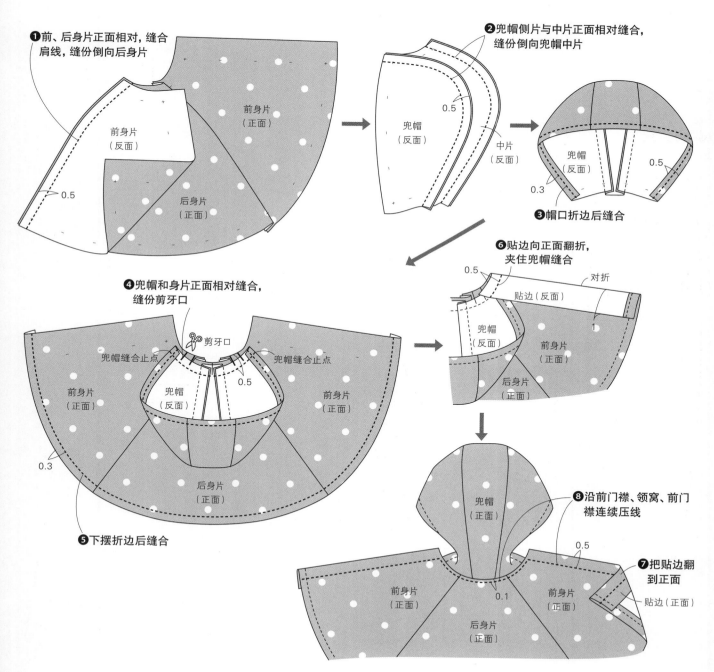

❶前、后身片正面相对，缝合肩线，缝份倒向后身片

前身片（反面）

前身片（正面）

后身片（正面）

0.5

❷兜帽侧片与中片正面相对缝合，缝份倒向兜帽中片

兜帽（反面）

中片（反面）

0.5

兜帽（反面）

0.3

0.5

❸帽口折边后缝合

❹兜帽和身片正面相对缝合，缝份剪牙口

剪牙口

兜帽缝合止点

兜帽缝合止点

兜帽（反面）

0.5

前身片（正面）

前身片（正面）

后身片（正面）

0.3

❺下摆折边后缝合

❻贴边向正面翻折，夹住兜帽缝合

0.5

对折

贴边（反面）

兜帽（反面）

前身片（正面）

后身片（正面）

1

❽沿前门襟、领窝、前门襟连续压线

兜帽（正面）

0.5

❼把贴边翻到正面

前身片（正面）

前身片（正面）

后身片（正面）

0.1

贴边（正面）

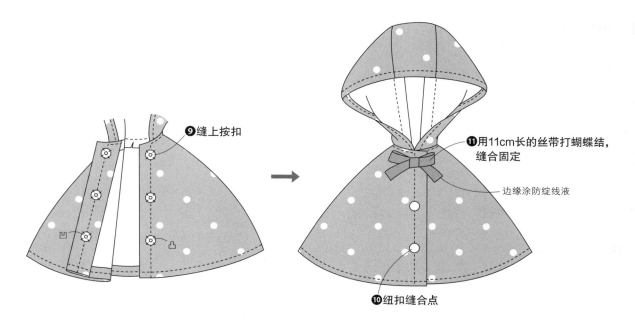

9 缝上按扣

11 用11cm长的丝带打蝴蝶结，缝合固定

边缘涂防绽线液

10 纽扣缝合点

实物大纸型

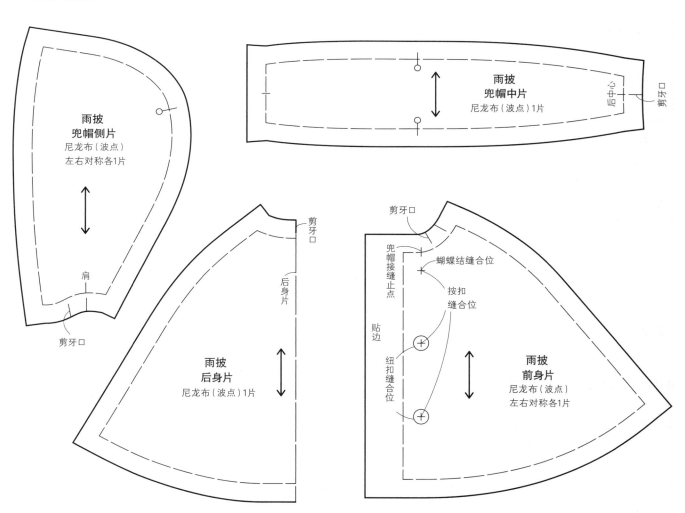

雨披
兜帽侧片
尼龙布（波点）
左右对称各1片

肩

剪牙口

雨披
兜帽中片
尼龙布（波点）1片

后中心

剪牙口

剪牙口

后身片

雨披
后身片
尼龙布（波点）1片

剪牙口

兜帽接缝止点

贴边

蝴蝶结缝合位

按扣
缝合位

纽扣
缝合位

雨披
前身片
尼龙布（波点）
左右对称各1片

比基尼套装 ›› p.14

实物大纸型 ›› p.59

材料

<比基尼套装>	0.3cm宽丝带(黄色)…20cm	<半裙>
尼龙布(格子花纹)…10cm×5cm	直径0.2cm烫钻(银色)…2个	尼龙(格子花纹)…15cm×10cm
双面针织布(橙色)…15cm×5cm	魔术粘…0.6cm×1.1cm	1.2cm宽拉塞尔蕾丝…15cm
1cm宽拉塞尔蕾丝…15cm		

抹胸

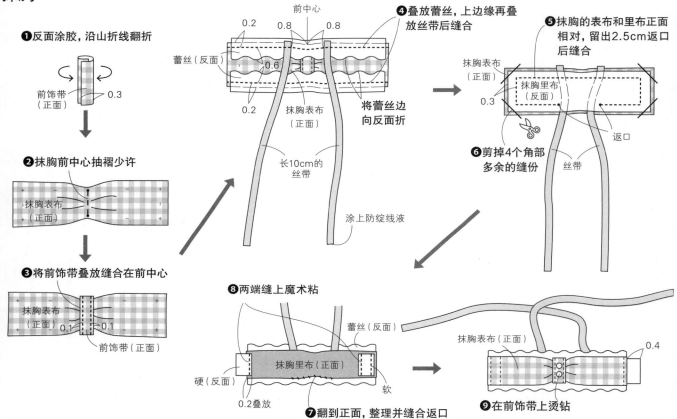

❶反面涂胶,沿山折线翻折

前饰带(正面)　0.3

❷抹胸前中心抽褶少许

抹胸表布(正面)

❸将前饰带叠放缝合在前中心

抹胸表布(正面) 0.1 0.1

前饰带(正面)

0.2　前中心　0.8　0.8

蕾丝(反面)　0.6

0.2

抹胸表布(正面)

长10cm的丝带

❹叠放蕾丝,上边缘再叠放丝带后缝合

将蕾丝边向反面折

涂上防绽线液

❺抹胸的表布和里布正面相对,留出2.5cm返口后缝合

抹胸表布(正面)

抹胸里布(反面)

0.3

❻剪掉4个角部多余的缝份

返口

丝带

❽两端缝上魔术粘

蕾丝(反面)

抹胸里布(正面)

硬(反面)

0.2叠放

❼翻到正面,整理并缝合返口

软

抹胸表布(正面)　0.4

❾在前饰带上烫钻

短裤

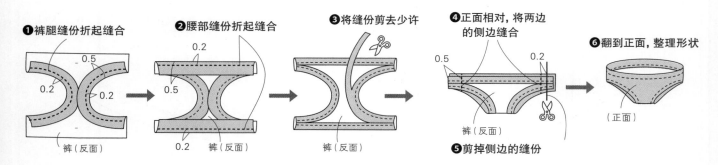

❶裤腿缝份折起缝合

0.5

0.2　0.2

裤(反面)

❷腰部缝份折起缝合

0.2

0.5

0.2　裤(反面)

❸将缝份剪去少许

裤(反面)

❹正面相对,将两边的侧边缝合

0.5　0.2

裤(反面)

❺剪掉侧边的缝份

❻翻到正面,整理形状

(正面)

半裙

0.8　裙片（正面）　蕾丝的边缘　蕾丝（反面）
0.4
❶将裙片和蕾丝叠放缝合

收缩为8cm宽　❸抽细褶
裙片（正面）　蕾丝（正面）
0.2　❷缝份倒向裙片，在正面压线

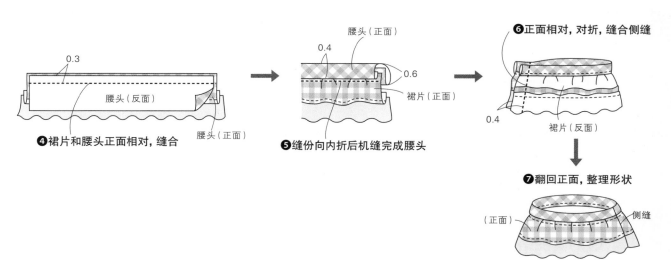

0.3
腰头（反面）　腰头（正面）
❹裙片和腰头正面相对，缝合

腰头（正面）
0.4　0.6　裙片（正面）
❺缝份向内折后机缝完成腰头

❻正面相对，对折，缝合侧缝
0.4　裙片（反面）

❼翻回正面，整理形状
（正面）　侧缝

实物大纸型

山折线

抹胸表布
尼龙布（格子花纹）1片　前中心

抹胸里布
双面针织布（橙色）1片

抹胸 前饰片

尼龙布（格子）1片

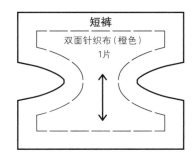

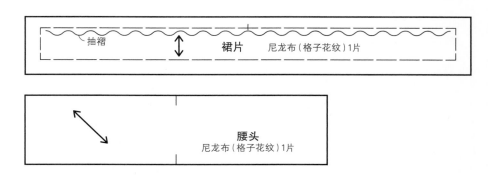

短裤
双面针织布（橙色）
1片

抽褶　裙片　尼龙布（格子花纹）1片

腰头
尼龙布（格子花纹）1片

夏威夷衬衫 ›› p.14

实物大纸型 ›› p.61

材料

<夏威夷衬衫>	<冲浪裤>
棉布(碎花)…22cm×12cm	尼龙布(橙色)…15cm×10cm
	0.2cm宽水手带…35cm

夏威夷衬衫

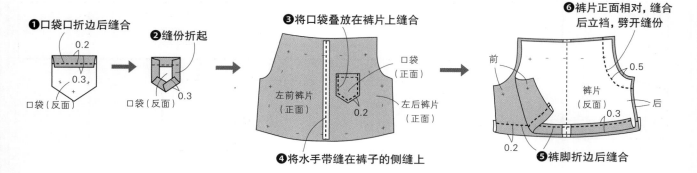

❷前、后身片的肩部正面相对缝合

后身片（反面）　0.5　劈开缝份

前身片（反面）　0.2　0.3　前身片（反面）

❶前门襟折边后缝合

❸袖口折边后缝合

后身片（反面）　0.5　0.2

袖（反面）

❹袖山和袖窿正面相对缝合,劈开缝份

前身片（反面）　0.3

后身片（正面）　袖（反面）

前身片（正面）　0.5

❺正面相对,由袖下缝合至胁边,劈开缝份

❻两片领子正面相对缝合　0.5

领子（反面）

领子（正面）　剪牙口

❼翻至正面整理

领子（正面）

❽身片和领子叠放缝合　0.5

领子（正面）　0.5

后身片（正面）

前身片（正面）　0.3　前身片（正面）

❾下摆折边后缝合

领子的缝份倒向身片

冲浪裤

❶口袋口折边后缝合　0.2　0.3

口袋（反面）

❷缝份折起　0.3

口袋（反面）

❸将口袋叠放在裤片上缝合

左前裤片（正面）　口袋（正面）　左后裤片（正面）　0.2

❹将水手带缝在裤子的侧缝上

❻裤片正面相对,缝合后立裆,劈开缝份

前　裤片（反面）　后　0.5　0.3

0.2

❺裤脚折边后缝合

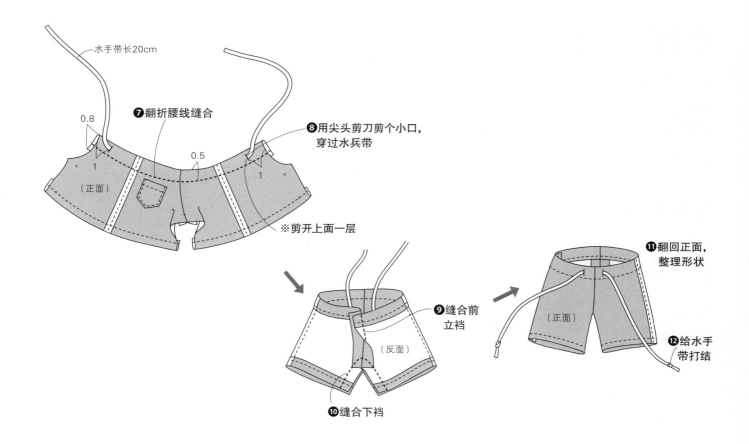

水手带长20cm

❼翻折腰线缝合

❽用尖头剪刀剪个小口，穿过水兵带

0.8

1

（正面）

0.5

1

※剪开上面一层

❾缝合前立裆

（反面）

❿缝合下裆

⓫翻回正面，整理形状

（正面）

⓬给水手带打结

实物大纸型

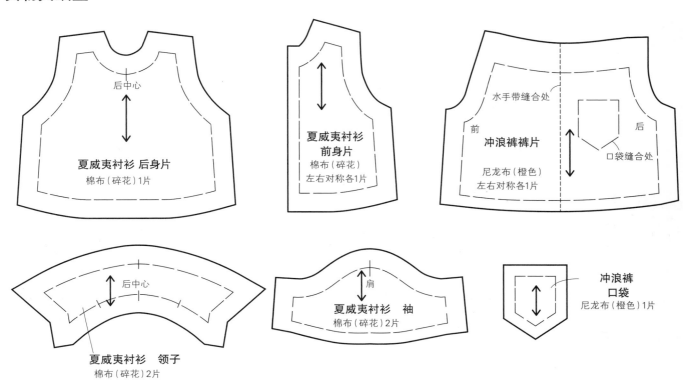

后中心

夏威夷衬衫 后身片
棉布（碎花）1片

夏威夷衬衫
前身片
棉布（碎花）
左右对称各1片

水手带缝合处

前

冲浪裤裤片

后

口袋缝合处

尼龙布（橙色）
左右对称各1片

后中心

夏威夷衬衫 领子
棉布（碎花）2片

肩

夏威夷衬衫 袖
棉布（碎花）2片

冲浪裤
口袋
尼龙布（橙色）1片

小精灵套装 ›› p.16

实物大纸型 ›› p.63

材料
<小精灵连衣裙>
天竺棉针织布(白色)…35cm×25cm
不织布(黑色)…3cm×3cm

<袜子>
天竺棉针织布(白色)…10cm×5cm

小精灵连衣裙

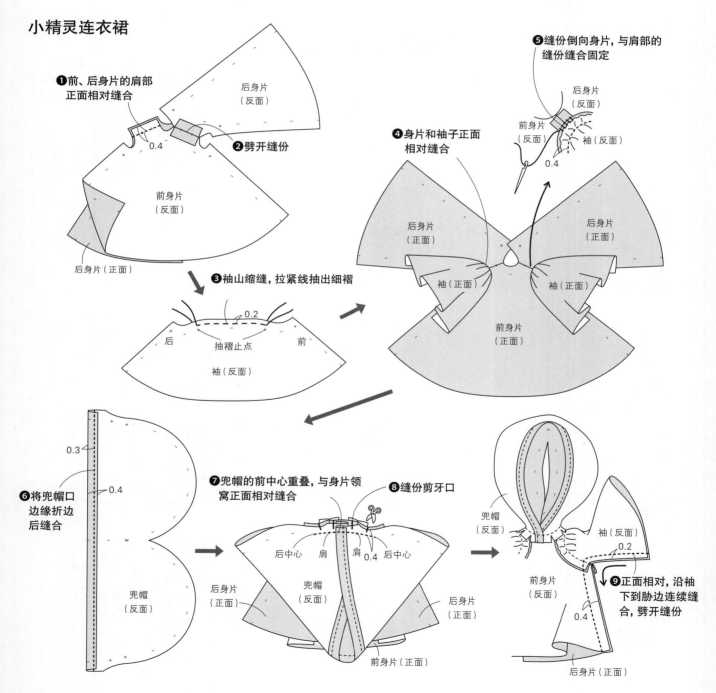

❶前、后身片的肩部正面相对缝合

❷劈开缝份

❸袖山缩缝,拉紧线抽出细褶

❹身片和袖子正面相对缝合

❺缝份倒向身片,与肩部的缝份缝合固定

❻将兜帽口边缘折边后缝合

❼兜帽的前中心重叠,与身片领窝正面相对缝合

❽缝份剪牙口

❾正面相对,沿袖下到胁边连续缝合,劈开缝份

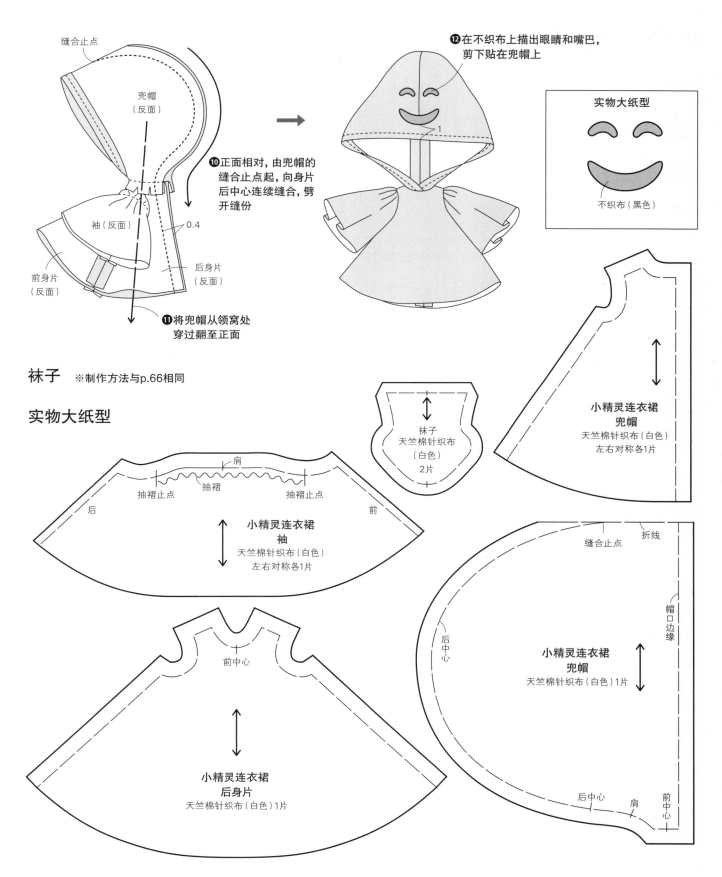

⓬在不织布上描出眼睛和嘴巴，
剪下贴在兜帽上

缝合止点

兜帽
（反面）

⓾正面相对，由兜帽的
缝合止点起，向身片
后中心连续缝合，劈
开缝份

袖（反面）

0.4

前身片
（反面）

后身片
（反面）

⓫将兜帽从领窝处
穿过翻至正面

1

实物大纸型

不织布（黑色）

袜子 ※制作方法与p.66相同

实物大纸型

肩

抽褶止点 抽褶 抽褶止点

后 前

小精灵连衣裙
袖
天竺棉针织布（白色）
左右对称各1片

袜子
天竺棉针织布
（白色）
2片

小精灵连衣裙
兜帽
天竺棉针织布（白色）
左右对称各1片

折线

缝合止点

前中心

小精灵连衣裙
后身片
天竺棉针织布（白色）1片

后中心

帽口边缘

小精灵连衣裙
兜帽
天竺棉针织布（白色）1片

后中心 肩 前中心

小魔女套装 ›› p.16

实物大纸型 ›› p.67

材料

<斗篷>
平纹棉府绸（黑色）…15cm×10cm
雪纺绸（酒红色）…15cm×10cm
直径0.2cm绳子…22cm

<连衣裙>
平纹棉府绸（黑色）…30cm×15cm
黏合衬（黑色）…5cm×5cm
魔术粘…0.6cm×5.2cm

<袜子>
天竺棉针织布（酒红色）…10cm×5cm
<锥形帽子>
平纹棉府绸（黑色）…25cm×20cm

斗篷

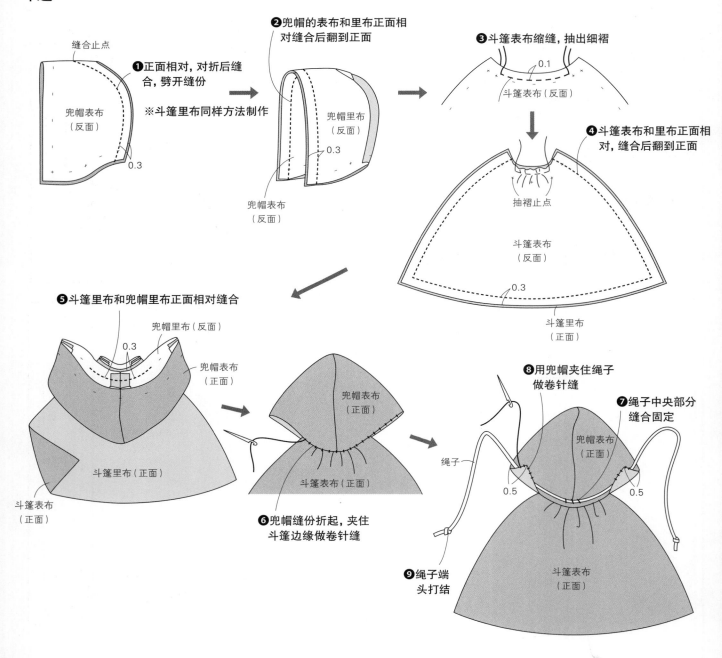

❶正面相对，对折后缝合，劈开缝份

※斗篷里布同样方法制作

缝合止点

兜帽表布（反面）

0.3

❷兜帽的表布和里布正面相对缝合后翻到正面

兜帽里布（反面）

兜帽表布（反面）

0.3

❸斗篷表布缩缝，抽出细褶

0.1

斗篷表布（反面）

❹斗篷表布和里布正面相对，缝合后翻到正面

抽褶止点

斗篷表布（反面）

0.3

斗篷里布（正面）

❺斗篷里布和兜帽里布正面相对缝合

兜帽里布（反面）

0.3

兜帽表布（正面）

斗篷里布（正面）

斗篷表布（正面）

❻兜帽缝份折起，夹住斗篷边缘做卷针缝

兜帽表布（正面）

斗篷表布（正面）

❽用兜帽夹住绳子做卷针缝

❼绳子中央部分缝合固定

兜帽表布（正面）

绳子

0.5

0.5

❾绳子端头打结

斗篷表布（正面）

64

连衣裙

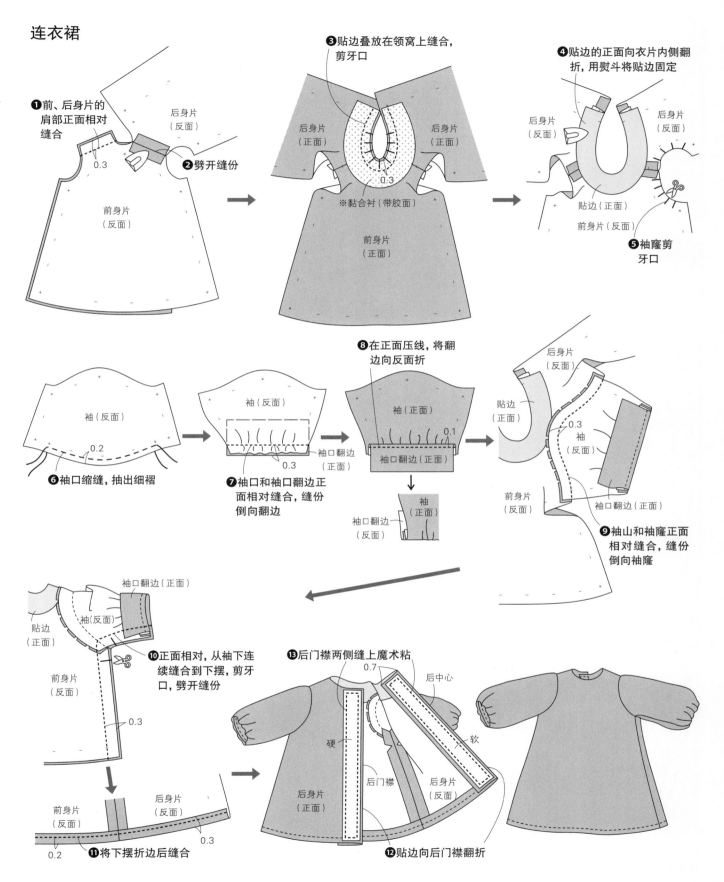

❶前、后身片的肩部正面相对缝合

0.3

后身片（反面）

❷劈开缝份

前身片（反面）

❸贴边叠放在领窝上缝合，剪牙口

后身片（正面）

后身片（正面）

0.3

※黏合衬（带胶面）

前身片（正面）

❹贴边的正面向衣片内侧翻折，用熨斗将贴边固定

后身片（反面）

后身片（反面）

贴边（正面）

前身片（反面）

❺袖窿剪牙口

❻袖口缩缝，抽出细褶

袖（反面）

0.2

袖（反面）

0.3

袖口翻边（正面）

❼袖口和袖口翻边正面相对缝合，缝份倒向翻边

❽在正面压线，将翻边向反面折

袖（正面）

0.1

袖口翻边（正面）

袖（正面）

袖口翻边（反面）

后身片（反面）

贴边（正面）

0.3

袖（反面）

前身片（反面）

袖口翻边（正面）

❾袖山和袖窿正面相对缝合，缝份倒向袖窿

贴边（正面）

袖口翻边（正面）

袖（反面）

前身片（反面）

0.3

❿正面相对，从袖下连续缝合到下摆，剪牙口，劈开缝份

前身片（反面）

后身片（反面）

0.2

0.3

⓫将下摆折边后缝合

⓭后门襟两侧缝上魔术粘

0.7

后中心

硬

软

后门襟

后身片（反面）

后身片（正面）

⓬贴边向后门襟翻折

65

袜子

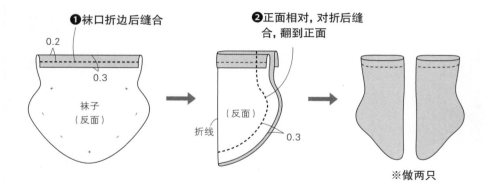

❶袜口折边后缝合

0.2

0.3

袜子
（反面）

❷正面相对，对折后缝
合，翻到正面

（反面）

折线

0.3

※做两只

锥形帽子

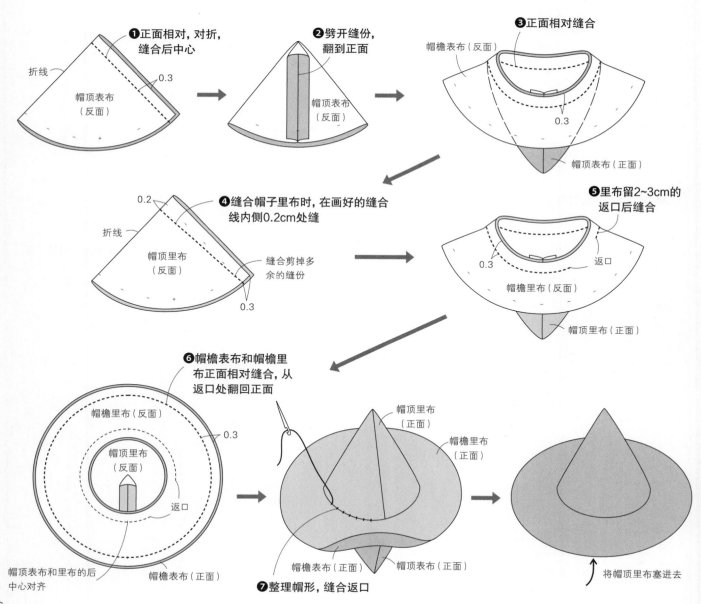

❶正面相对，对折，
缝合后中心

折线

帽顶表布
（反面）

0.3

❷劈开缝份，
翻到正面

帽顶表布
（反面）

❸正面相对缝合

帽檐表布（反面）

0.3

帽顶表布（正面）

❹缝合帽子里布时，在画好的缝合
线内侧0.2cm处缝

0.2

折线

帽顶里布
（反面）

缝合剪掉多
余的缝份

0.3

❺里布留2~3cm的
返口后缝合

0.3

返口

帽檐里布（反面）

帽顶里布（正面）

❻帽檐表布和帽檐里
布正面相对缝合，从
返口处翻回正面

帽檐里布（反面）

0.3

帽顶里布
（反面）

返口

帽顶表布和里布的后
中心对齐

帽檐表布（正面）

❼整理帽形，缝合返口

帽顶里布
（正面）

帽檐里布
（正面）

帽檐里布
（正面）

帽檐表布（正面）　帽顶表布（正面）

将帽顶里布塞进去

实物大纸型

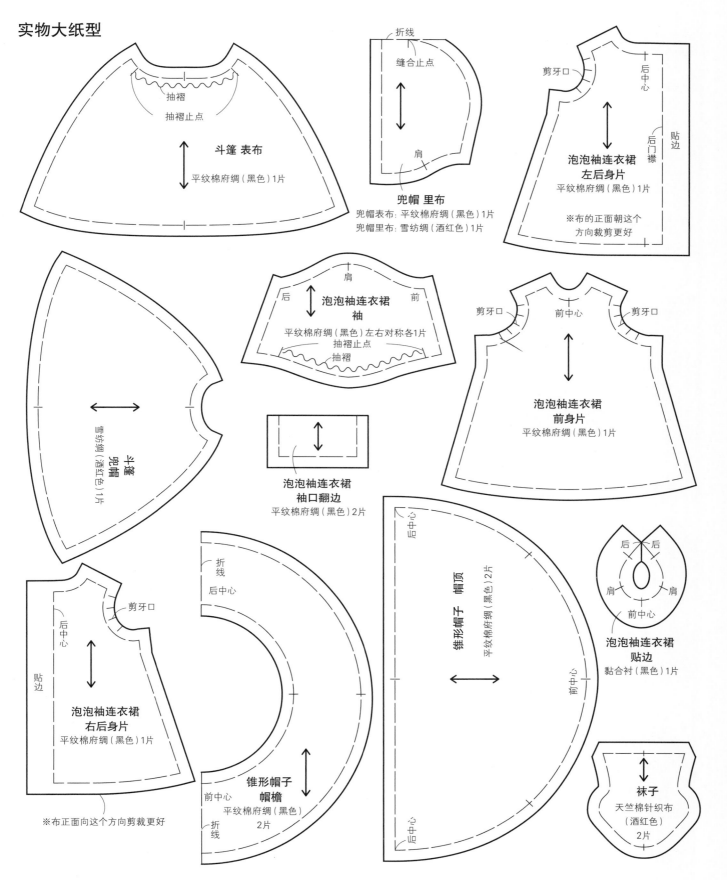

折线

缝合止点

抽褶

抽褶止点

斗篷 表布
平纹棉府绸（黑色）1片

兜帽 里布
兜帽表布：平纹棉府绸（黑色）1片
兜帽里布：雪纺绸（酒红色）1片

剪牙口

后中心

后门襟

贴边

**泡泡袖连衣裙
左后身片**
平纹棉府绸（黑色）1片

※布的正面朝这个
方向裁剪更好

肩

后　前

**泡泡袖连衣裙
袖**
平纹棉府绸（黑色）左右对称各1片
抽褶止点
抽褶

剪牙口　前中心　剪牙口

**泡泡袖连衣裙
前身片**
平纹棉府绸（黑色）1片

**斗篷
兜帽**
雪纺绸（酒红色）1片

**泡泡袖连衣裙
袖口翻边**
平纹棉府绸（黑色）2片

后中心

锥形帽子 帽顶
平纹棉府绸（黑色）2片

前中心

后中心

后　后

肩　肩

前中心

**泡泡袖连衣裙
贴边**
黏合衬（黑色）1片

折线

后中心

剪牙口

后中心

贴边

**泡泡袖连衣裙
右后身片**
平纹棉府绸（黑色）1片

※布正面向这个方向剪裁更好

前中心

**锥形帽子
帽檐**
平纹棉府绸（黑色）
2片

折线

袜子
天竺棉针织布
（酒红色）
2片

杰克的南瓜灯套装 ›› p.18

实物大纸型 ›› p.67、70

材料

<南瓜灯连衣裙>
平纹棉府绸（橙色）…25cm×20cm
雪纺绸（白色）…10cm×8cm
直径0.5cm按扣…1组
不织布（黑色、绿色、黄绿色）…适量

造花用定型铁丝（黄绿色）…5cm
<长袖T恤>
条纹针织布…8cm×15cm
黏合衬（黑色）…5cm×5cm

<紧身裤>
条纹针织布…10cm×10cm
<锥形帽子>
平纹棉府绸（黑色）…25cm×20cm

南瓜灯连衣裙

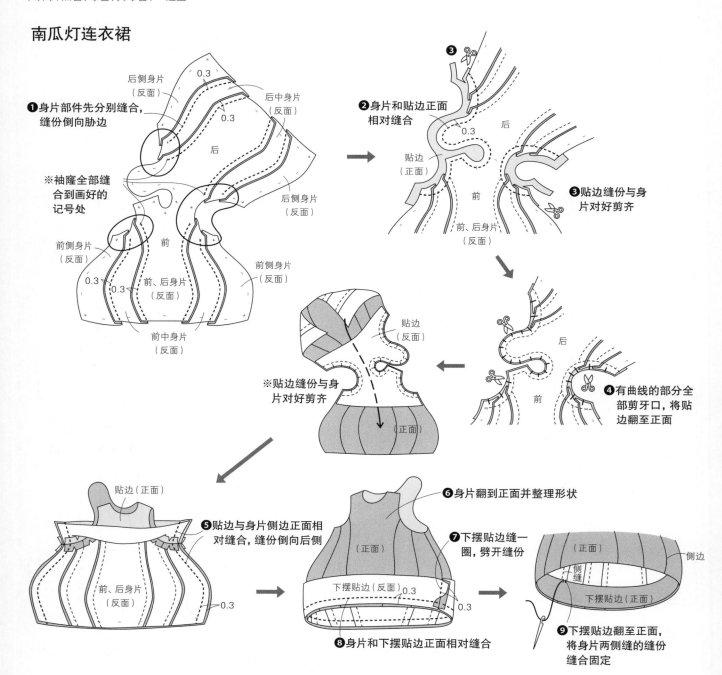

❶身片部件先分别缝合，缝份倒向胁边

※袖窿全部缝合到画好的记号处

后侧身片（反面）　0.3
后中身片（反面）
0.3
后
后侧身片（反面）

前侧身片（反面）
前
前侧身片（反面）
0.3　0.3
前、后身片（反面）
前中身片（反面）

❷身片和贴边正面相对缝合

贴边（正面）
0.3
后
前
前、后身片（反面）

❸贴边缝份与身片对好剪齐

❹有曲线的部分全部剪牙口，将贴边翻至正面
后
前

贴边（反面）
※贴边缝份与身片对好剪齐
（正面）

❺贴边与身片侧边正面相对缝合，缝份倒向后侧
贴边（正面）
前、后身片（反面）
0.3

❻身片翻到正面并整理形状
（正面）

❼下摆贴边缝一圈，劈开缝份
下摆贴边（反面）　0.3
0.3

❽身片和下摆贴边正面相对缝合

（正面）
侧边
侧缝
下摆贴边（正面）

❾下摆贴边翻至正面，将身片两侧缝的缝份缝合固定

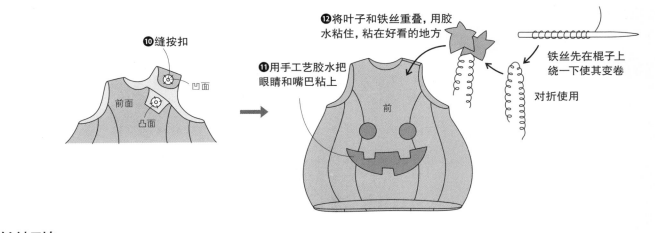

⑩缝按扣

凹面

前面

凸面

⑪用手工艺胶水把眼睛和嘴巴粘上

前

⑫将叶子和铁丝重叠，用胶水粘住，粘在好看的地方

铁丝先在棍子上绕一下使其变卷

对折使用

长袖T恤

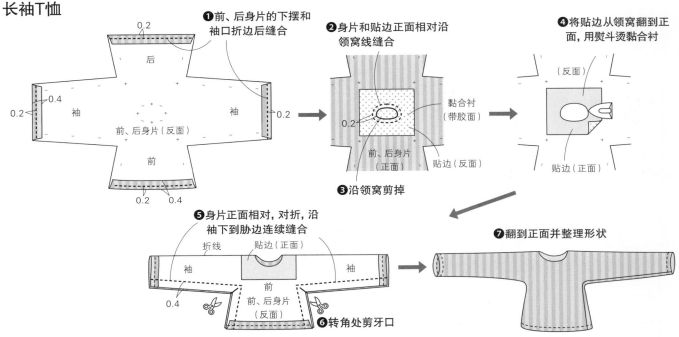

0.2

后

袖

0.4

袖

0.2

0.2

前、后身片（反面）

前

0.2   0.4

❶前、后身片的下摆和袖口折边后缝合

❷身片和贴边正面相对沿领窝线缝合

0.2

前、后身片（正面）

黏合衬（带胶面）

贴边（反面）

❸沿领窝剪掉

❹将贴边从领窝翻到正面，用熨斗烫黏合衬

（反面）

贴边（正面）

❺身片正面相对，对折，沿袖下到胁边连续缝合

折线

贴边（正面）

袖

袖

0.4

前、后身片（反面）

前

❻转角处剪牙口

❼翻到正面并整理形状

紧身裤

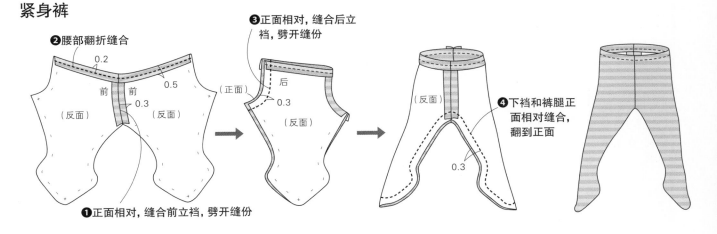

❷腰部翻折缝合

0.2

0.5

前   前

（反面）   0.3   （反面）

❶正面相对，缝合前立裆，劈开缝份

❸正面相对，缝合后立裆，劈开缝份

后

0.3

（正面）

（反面）

（反面）

❹下裆和裤腿正面相对缝合，翻到正面

0.3

锥形帽子   ※纸型和制作方法与p.66、67的锥形帽子相同

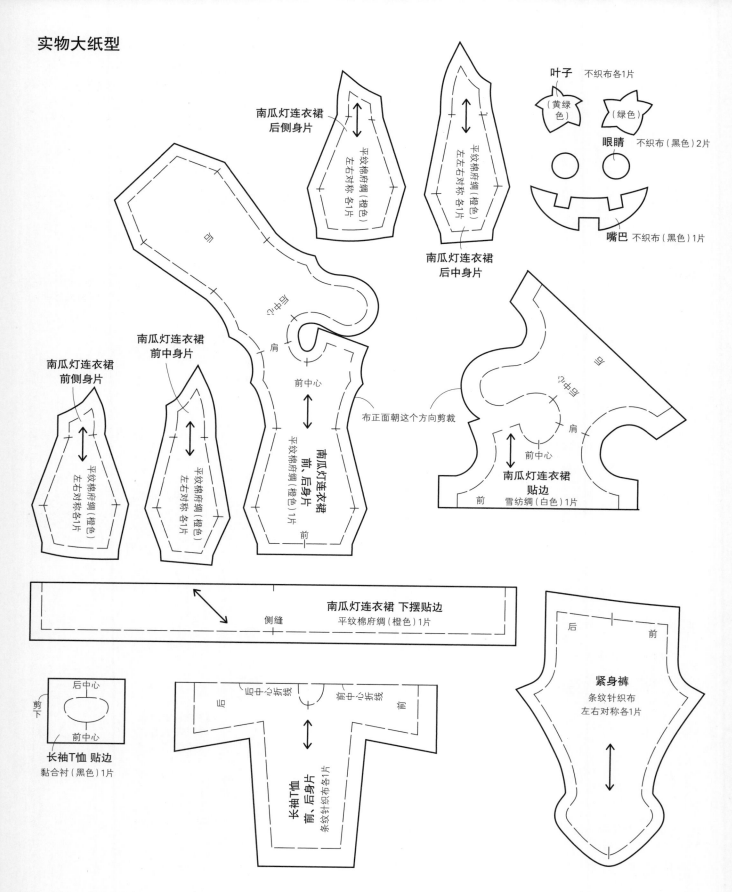

南瓜灯连衣裙
后侧身片

平纹棉府绸（橙色）
左右对称各1片

平纹棉府绸（橙色）
左右对称各1片

南瓜灯连衣裙
后中身片

叶子　不织布各1片

（黄绿色）　（绿色）

眼睛　不织布（黑色）2片

嘴巴　不织布（黑色）1片

南瓜灯连衣裙
前中身片

南瓜灯连衣裙
前侧身片

平纹棉府绸（橙色）
左右对称各1片

平纹棉府绸（橙色）
左右对称各1片

肩

前中心

前

南瓜灯连衣裙
前、后身片

平纹棉府绸（橙色）1片

布正面朝这个方向剪裁

肩

前中心

南瓜灯连衣裙
贴边

前　雪纺绸（白色）1片

南瓜灯连衣裙 下摆贴边

侧缝

平纹棉府绸（橙色）1片

后　前

紧身裤

条纹针织布
左右对称各1片

后中心

不剪

前中心

长袖T恤 贴边

黏合衬（黑色）1片

后　后中心折线　前中心折线　前

长袖T恤
前、后身片

条纹针织布各1片

70

实物大纸型

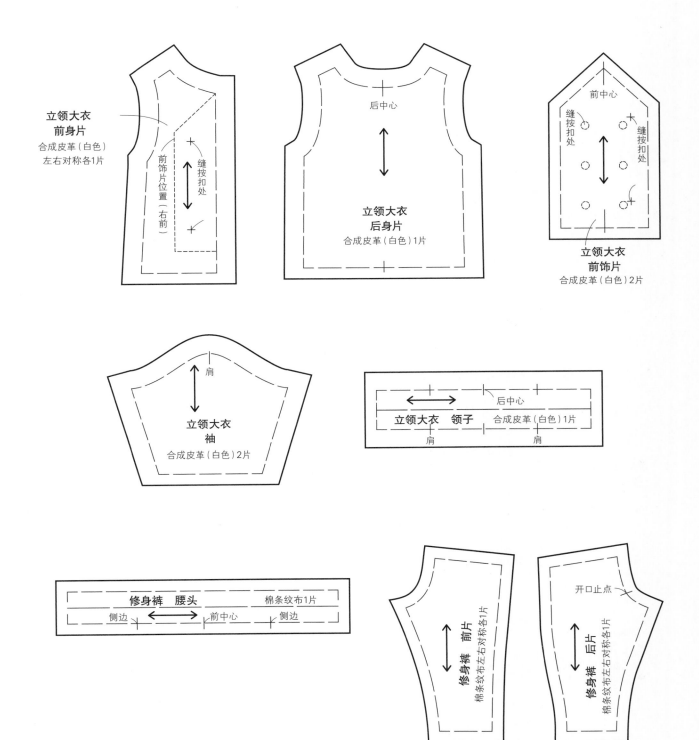

立领大衣
前身片
合成皮革（白色）
左右对称各1片

前饰片位置（右前）

缝按扣处

后中心

立领大衣
后身片
合成皮革（白色）1片

前中心

缝按扣处

缝按扣处

立领大衣
前饰片
合成皮革（白色）2片

肩

立领大衣
袖
合成皮革（白色）2片

后中心

立领大衣　领子　合成皮革（白色）1片

肩　　　　　　　　肩

修身裤　腰头　　　棉条纹布1片

侧边　　　前中心　　侧边

修身裤　前片
棉条纹布左右对称各1片

开口止点

修身裤　后片
棉条纹布左右对称各1片

立领大衣、修身裤 » p. 20

实物大纸型 » p.71

材料

<立领大衣>

合成皮革(白色)···25cm×20cm

魔术粘···0.8cm×4.2cm

直径0.3cm按扣···2组

直径0.2cm烫钻(银色)···6颗

<修身裤>

棉条纹布···20cm×15cm

魔术粘···0.4cm×1cm

立领大衣

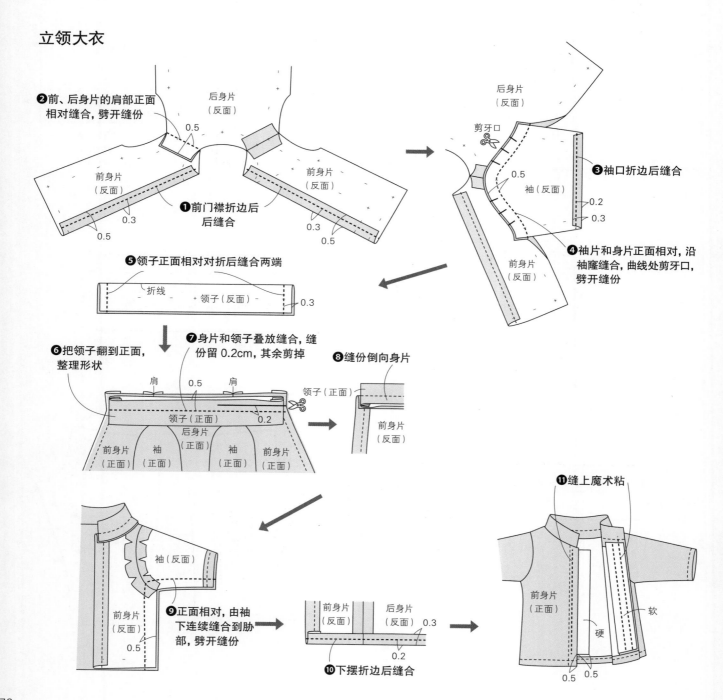

❷前、后身片的肩部正面相对缝合,劈开缝份

后身片(反面)

0.5

前身片(反面)

0.3

0.5

❶前门襟折边后后缝合

前身片(反面)

0.3

0.5

后身片(反面)

剪牙口

0.5

袖(反面)

❸袖口折边后缝合

0.2

0.3

前身片(反面)

❹袖片和身片正面相对,沿袖窿缝合,曲线处剪牙口,劈开缝份

❺领子正面相对对折后缝合两端

折线 领子(反面) 0.3

❻把领子翻到正面,整理形状

肩 0.5 肩

领子(正面) 0.2

前身片(正面) 袖(正面) 后身片(正面) 袖(正面) 前身片(正面)

❼身片和领子叠放缝合,缝份留0.2cm,其余剪掉

领子(正面)

❽缝份倒向身片

领子(正面)

前身片(反面)

袖(反面)

前身片(反面)

0.5

❾正面相对,由袖下连续缝合到胁部,劈开缝份

前身片(反面) 后身片(反面) 0.3

0.2

❿下摆折边后缝合

⓫缝上魔术粘

前身片(正面)

软

硬

0.5 0.5

72

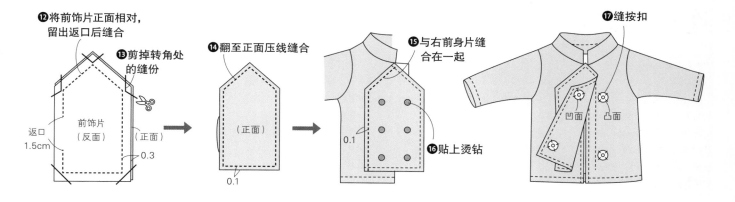

⑫将前饰片正面相对，留出返口后缝合

⑬剪掉转角处的缝份

前饰片（反面）

（正面）

返口 1.5cm

0.3

⑭翻至正面压线缝合

（正面）

0.1

⑮与右前身片缝合在一起

0.1

⑯贴上烫钻

⑰缝按扣

凹面 凸面

修身裤

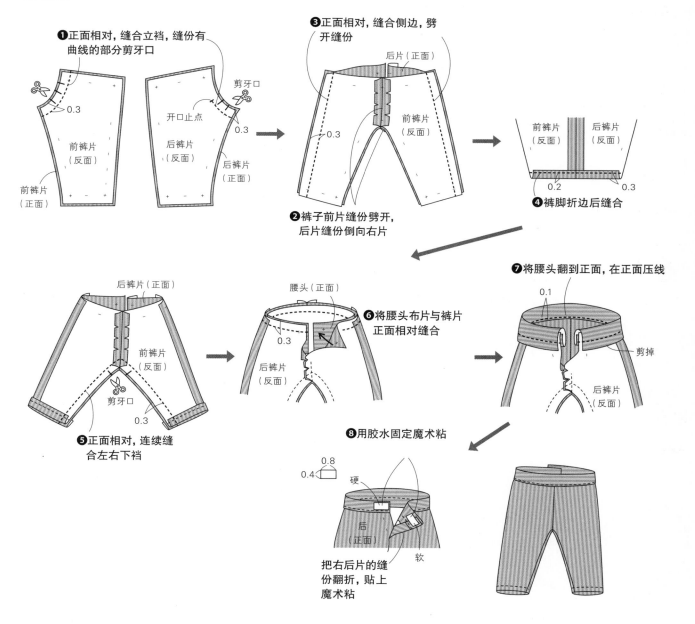

❶正面相对，缝合立裆，缝份有曲线的部分剪牙口

0.3

前裤片（反面）

前裤片（正面）

剪牙口

开口止点

后裤片（反面）

0.3

后裤片（正面）

❷裤子前片缝份劈开，后片缝份倒向右片

❸正面相对，缝合侧边，劈开缝份

后片（正面）

0.3

前裤片（反面）

前裤片（反面） 后裤片（反面）

0.2 0.3

❹裤脚折边后缝合

后裤片（正面）

前裤片（反面）

剪牙口 0.3

❺正面相对，连续缝合左右下裆

腰头（正面）

0.3

后裤片（反面）

❻将腰头布片与裤片正面相对缝合

❼将腰头翻到正面，在正面压线

0.1

剪掉

后裤片（反面）

❽用胶水固定魔术粘

0.8 0.4

硬

后（正面）

软

把右后片的缝份翻折，贴上魔术粘

连衣裙套装 >> p. 22

实物大纸型 >> p.76

材料

<蝴蝶结发饰>	烫钻(星形)…2颗	风纪扣(挂钩搭扣)…1组	风纪扣(挂钩搭扣)…1组
起绒布(红色)…20cm×15cm	<披肩>	<背带裙>	<条纹袜>
羊毛布(格子)…5cm×10cm	起绒布(红色)…15cm×8cm	羊毛布(格子)…20cm×10cm	条纹针织布(红白相间)…10cm×10cm
仿皮毛(白色)…5cm×10cm	网眼布(黑色)…15cm×8cm	网眼布(黑色)…10cm×5cm	
直径0.2cm松紧带…10cm	仿皮毛(白色)…10cm×3cm	起绒布(红色)…20cm×5cm	
直径0.2cm烫钻(金色)…1个	0.2cm宽水兵带(白色)…20cm	0.3cm宽丝带(红色)…30cm	

蝴蝶结发饰

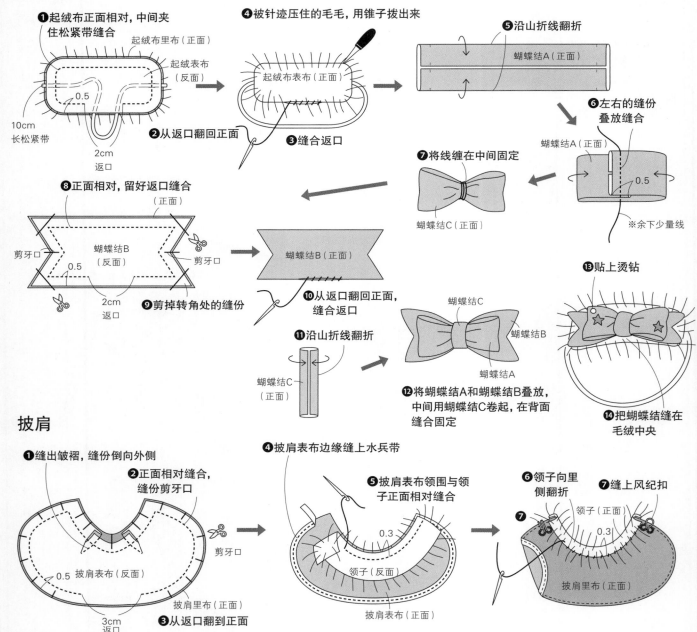

① 起绒布正面相对,中间夹住松紧带缝合
起绒布里布(正面)
起绒表布(正面)
0.5
10cm 长松紧带
2cm 返口
② 从返口翻回正面

④ 被针迹压住的毛毛,用锥子拨出来
起绒布表布(正面)
③ 缝合返口

⑤ 沿山折线翻折
蝴蝶结A(正面)

⑥ 左右的缝份叠放缝合
蝴蝶结A(正面)
0.5
※余下少量线

⑦ 将线缠在中间固定
蝴蝶结C(正面)

⑧ 正面相对,留好返口缝合
(正面)
剪牙口
蝴蝶结B(反面)
剪牙口
0.5
2cm 返口
⑨ 剪掉转角处的缝份

蝴蝶结B(正面)
⑩ 从返口翻回正面,缝合返口

⑪ 沿山折线翻折
蝴蝶结C(正面)

蝴蝶结C
蝴蝶结B
蝴蝶结A
⑫ 将蝴蝶结A和蝴蝶结B叠放,中间用蝴蝶结C卷起,在背面缝合固定

⑬ 贴上烫钻

⑭ 把蝴蝶结缝在毛绒中央

披肩

① 缝出皱褶,缝份倒向外侧

② 正面相对缝合,缝份剪牙口
0.5 披肩表布(反面)
披肩里布(正面)
3cm 返口
③ 从返口翻到正面
剪牙口

④ 披肩表布边缘缝上水兵带
⑤ 披肩表布领围与领子正面相对缝合
0.3
领子(反面)
披肩表布

⑥ 领子向里侧翻折
⑦ 缝上风纪扣
领子(正面)
0.3
披肩里布(正面)

背带裙

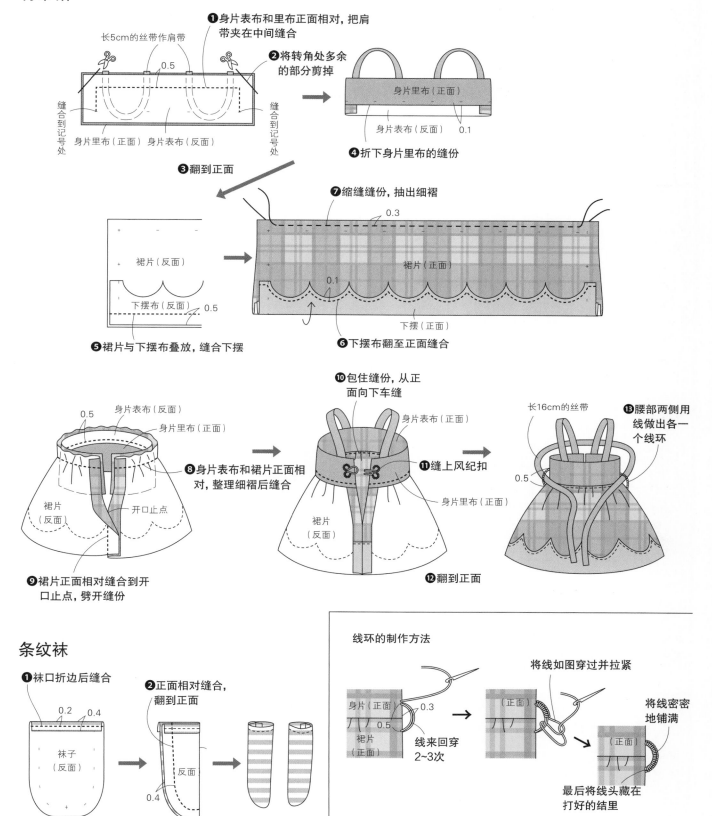

❶身片表布和里布正面相对，把肩带夹在中间缝合

❷将转角处多余的部分剪掉

长5cm的丝带作肩带

0.5

缝合到记号处

身片里布（正面） 身片表布（反面）

缝合到记号处

身片里布（正面）

身片表布（反面） 0.1

❹折下身片里布的缝份

❸翻到正面

❼缩缝缝份，抽出细褶

0.3

裙片（反面）

下摆布（反面） 0.5

裙片（正面）

0.1

下摆（正面）

❺裙片与下摆布叠放，缝合下摆

❻下摆布翻至正面缝合

0.5

身片表布（反面）

身片里布（正面）

裙片（反面）

开口止点

❾裙片正面相对缝合到开口止点，劈开缝份

❽身片表布和裙片正面相对，整理细褶后缝合

❿包住缝份，从正面向下车缝

身片表布（正面）

裙片（反面）

身片里布（正面）

⓫缝上风纪扣

⓬翻到正面

长16cm的丝带

0.5

⓭腰部两侧用线做出各一个线环

条纹袜

❶袜口折边后缝合

0.2 0.4

袜子（反面）

❷正面相对缝合，翻到正面

反面

0.4

线环的制作方法

身片（正面） 0.3

裙片（正面） 0.5

线来回穿2~3次

将线如图穿过并拉紧

（正面）

（正面）

将线密密地铺满

最后将线头藏在打好的结里

75

实物大纸型

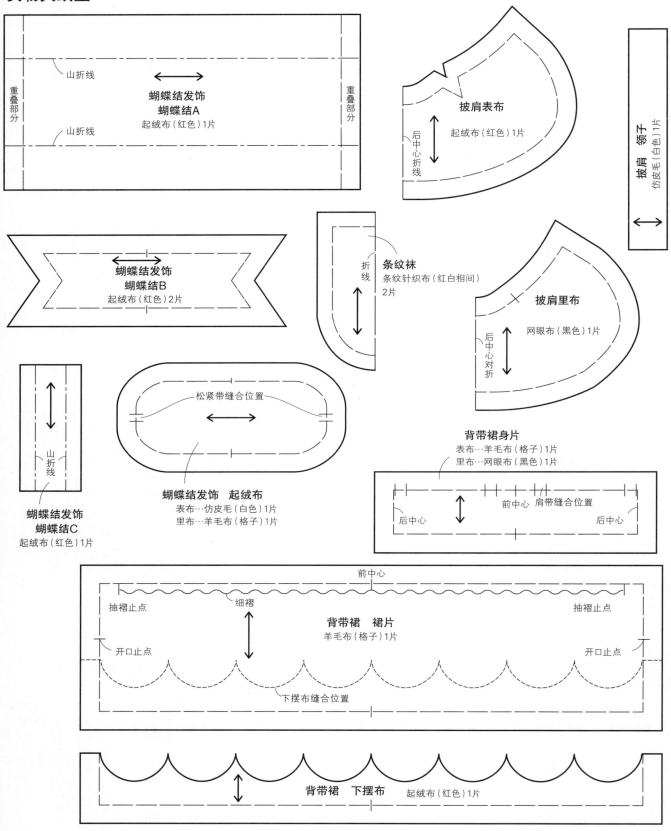

山折线

重叠部分

蝴蝶结发饰
蝴蝶结A
起绒布(红色)1片

山折线

重叠部分

披肩表布
起绒布(红色)1片

后中心折线

披肩 领子
仿皮毛(白色)1片

蝴蝶结发饰
蝴蝶结B
起绒布(红色)2片

折线

条纹袜
条纹针织布(红白相间)
2片

披肩里布
网眼布(黑色)1片

后中心对折

松紧带缝合位置

山折线

蝴蝶结发饰
蝴蝶结C
起绒布(红色)1片

蝴蝶结发饰　起绒布
表布…仿皮毛(白色)1片
里布…羊毛布(格子)1片

背带裙身片
表布…羊毛布(格子)1片
里布…网眼布(黑色)1片

后中心　前中心　肩带缝合位置　后中心

前中心

抽褶止点　细褶

背带裙　裙片
羊毛布(格子)1片

开口止点

下摆布缝合位置

抽褶止点

开口止点

背带裙　下摆布　起绒布(红色)1片

连身裤套装 ›› p.22

实物大纸型 ›› p.79

材料

＜帽子＞	＜长袖T恤＞	0.5cm宽丝带(红色)…20cm
双面针织布(红色)…20cm×20cm	双面针织布(红色)…15cm×15cm	直径0.3cm烫钻(银色)…2颗
仿皮毛(装饰布)(白色)…25cm×5cm	＜连身裤＞	＜条纹袜＞
0.3cm宽松紧带…10cm	羊毛布(格子)…15cm×20cm	条纹针织布(红白相间)…10cm×10cm

帽子

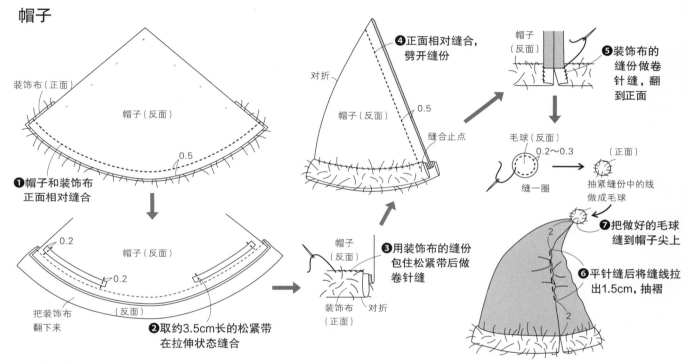

❶帽子和装饰布正面相对缝合

把装饰布翻下来

❷取约3.5cm长的松紧带在拉伸状态缝合

❸用装饰布的缝份包住松紧带后做卷针缝

❹正面相对缝合，劈开缝份

❺装饰布的缝份做卷针缝，翻到正面

❻平针缝后将缝线拉出1.5cm，抽褶

❼把做好的毛球缝到帽子尖上

抽紧缝份中的线做成毛球

长袖T恤

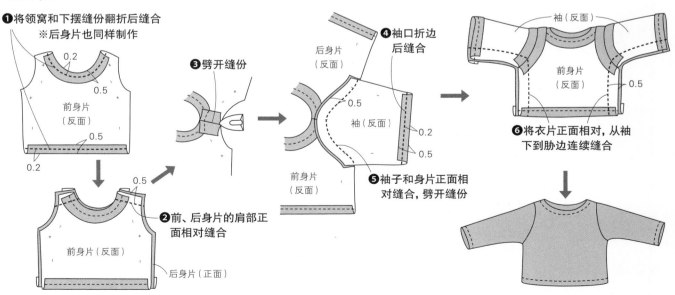

❶将领窝和下摆缝份翻折后缝合
※后身片也同样制作

❷前、后身片的肩部正面相对缝合

❸劈开缝份

❹袖口折边后缝合

❺袖子和身片正面相对缝合，劈开缝份

❻将衣片正面相对，从袖下到胁边连续缝合

连身裤

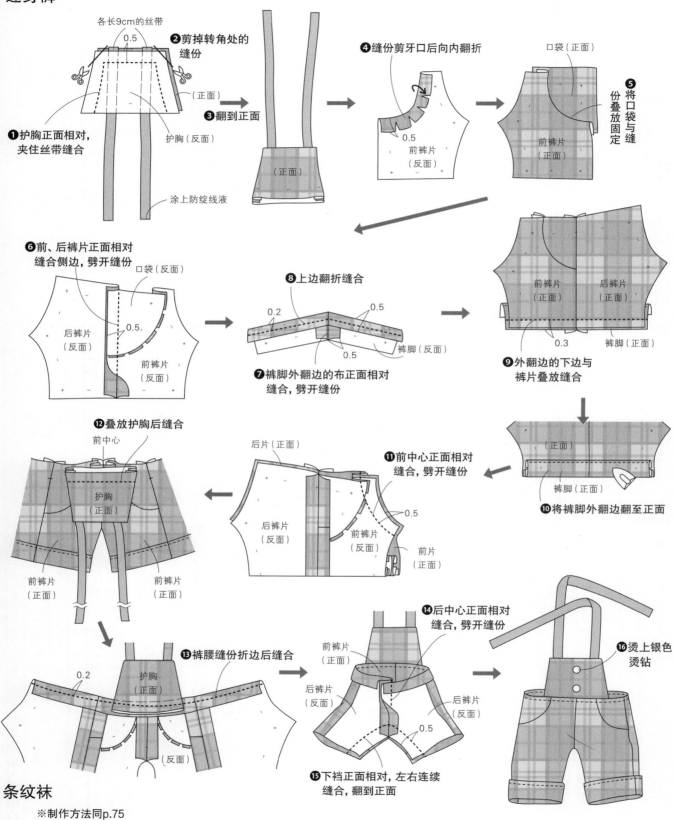

各长9cm的丝带

0.5

❷剪掉转角处的缝份

（正面）

护胸（反面）

❶护胸正面相对，夹住丝带缝合

❸翻到正面

涂上防绽线液

（正面）

❹缝份剪牙口后向内翻折

0.5

前裤片（反面）

口袋（正面）

❺将口袋与缝份叠放固定

前裤片（正面）

❻前、后裤片正面相对缝合侧边，劈开缝份

口袋（反面）

后裤片（反面）

0.5

前裤片（反面）

❽上边翻折缝合

0.2

0.5

0.5

裤脚（反面）

❼裤脚外翻边的布正面相对缝合，劈开缝份

前裤片（正面）

后裤片（正面）

0.3

裤脚（正面）

❾外翻边的下边与裤片叠放缝合

（正面）

裤脚（正面）

❿将裤脚外翻边翻至正面

⓫前中心正面相对缝合，劈开缝份

后片（正面）

后裤片（反面）

0.5

前裤片（反面）

前片（正面）

⓬叠放护胸后缝合

前中心

护胸（正面）

前裤片（正面）

前裤片（正面）

0.2

护胸（正面）

（反面）

⓭裤腰缝份折边后缝合

⓮后中心正面相对缝合，劈开缝份

前裤片（正面）

后裤片（反面）

后裤片（反面）

0.5

⓯下裆正面相对，左右连续缝合，翻到正面

⓰烫上银色烫钻

条纹袜

※制作方法同p.75

实物大纸型

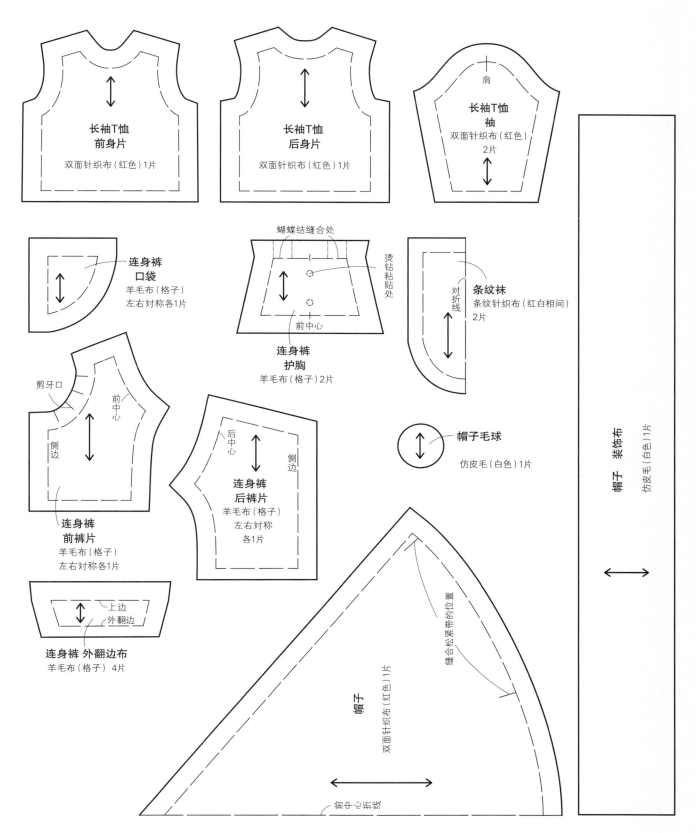

长袖T恤
前身片
双面针织布（红色）1片

长袖T恤
后身片
双面针织布（红色）1片

长袖T恤
袖
肩
双面针织布（红色）
2片

连身裤
口袋
羊毛布（格子）
左右对称各1片

蝴蝶结缝合处

烫钻粘贴处

前中心

连身裤
护胸
羊毛布（格子）2片

对折线

条纹袜
条纹针织布（红白相间）
2片

剪牙口

前中心

侧边

连身裤
前裤片
羊毛布（格子）
左右对称各1片

后中心

侧边

连身裤
后裤片
羊毛布（格子）
左右对称
各1片

帽子毛球
仿皮毛（白色）1片

上边
外翻边

连身裤 外翻边布
羊毛布（格子）4片

缝合松紧带的位置

缝合线

帽子
双面针织布（红色）1片

前中心折线

帽子 装饰布
仿皮毛（白色）1片

NENDOROID DOLL KAWAII OYOUFUKU BOOK（NV 70574）

Copyright © NIHON VOGUE-SHA 2020 All rights reserved.

Photographers: Noriaki Moriya

Original Japanese edition published in Japan by NIHON VOGUE Corp.,

Simplified Chinese translation rights arranged with BEIJING BAOKU INTERNATIONAL CULTURAL DEVELOPMENT Co., Ltd.

备案号：豫著许可备字－2020－A－0194

设计和制作

Atelier Angelica 住友亚希

GINGER TEA CHERRY

Raindrop Minamin

主编

良笑公司（Good Smile Company）
日本的动漫周边厂商，以周边的策划和制作为主，也负责部分厂商商品的宣传和营销，代理销售的厂商包括 Maxfactory、FREEing、Gift 等。

图书在版编目（CIP）数据

手作可爱的娃娃衣：四季娃娃服饰制作 / 日本良笑公司主编；日本宝库社编著；毛毡共和译. —郑州：河南科学技术出版社，2022.4

ISBN 978-7-5725-0758-8

Ⅰ.①手… Ⅱ.①日…②日…③毛… Ⅲ.①手工艺品－布艺品－制作 Ⅳ.① TS973.51

中国版本图书馆 CIP 数据核字（2022）第 041685 号

出版发行：河南科学技术出版社

     地址：郑州市郑东新区祥盛街27号   邮编：450016

     电话：（0371）65737028   65788613

     网址：www.hnstp.cn

策划编辑：刘　欣

责任编辑：刘　欣

责任校对：王晓红

封面设计：张　伟

责任印制：张艳芳

印　　刷：河南新达彩印有限公司

经　　销：全国新华书店

开　　本：889 mm×1 194 mm　1/16　　印张：5　字数：150 千字

版　　次：2022年4月第1版　　2022年4月第1次印刷

定　　价：59.00元

如发现印、装质量问题，影响阅读，请与出版社联系并调换。